KB241240

세상의 모든 **넛츠** 레시피

견과류를 맛있게 먹는 104가지 방법

세상의 모든

너츠 레시피!

닥터넛츠 지음

영진미디어

CONTENTS

10 Prologue
"이 세상에 완벽한 식품은 없습니다"

11 "세상의 모든 넛츠 레시피: 견과류를 맛있게 먹는 104가지 방법"은

12 "세상의 모든 넛츠 레시피" 활용하는 법

14 재료 준비하기

16 계량하기

18 견과류를 소개합니다

20 견과류 로스팅

21 견과류, 제대로 알고 먹기

34 알아 두면 좋은 요리 상식

Part 1. **요리연구가 김민지의 자연식 레시피**

40 떡 알리오올리오
42 넛츠 치킨가스
44 초스피드 우엉 잡채
46 당근 샐러드
48 오트밀 생강 쿠키
50 홍시 머핀
52 고구마 초코볼
54 통팥 양갱
56 초코 캐러멜
58 두유 아이스크림

Part 2. **푸드 칼럼니스트 이재건의 초간단 레시피**

62 견과 갈비찜
64 매콤 닭강정
66 닭꼬치 구이
68 조청 송편 강정
70 애호박 마늘종 볶음
72 냉 파스타 샐러드
74 견과 비스킷
76 허니 레몬 견과

Part 3. **푸드 스타일리스트 김은지의 먹을수록 행복한 레시피**

80 견과 떡 구이
82 고르곤졸라 피자
84 감자볼
86 견과 멸치 볶음
88 매운콩 견과 볶음
90 크림 수프
92 브리 치즈 구이
94 사과 샐러드
96 아스파라거스 샐러드
98 바나나 구이
100 통사과 구이
102 홈메이드 초코바

Part 4. **다이어터 유수연의 시크릿 레시피**

106 고소미 주먹밥
108 매콤 떡 볶음
110 채식 얌운센
112 사과 토르티아 파이
114 고구마 넛츠볼

Part 5. **쿠킹 아티스트 이수현의 감성 레시피**

118 깐풍 두부 강정
120 고구마 만두 맛탕
122 넛츠 펌킨 수프
124 치킨 텐더 샐러드
126 코코넛 푸딩
128 캐러멜 팝콘

Part 6. **별난 주부 문지현의 소울 푸드 레시피**

132 된장소스 스테이크
134 유자 닭봉 조림
136 견과 떡꼬치 구이
138 고구마 넛츠 오븐 구이
140 쑥 찰떡 구이
142 뱅어포 견과 볶음
144 치킨 카레 샐러드
146 베이글 샐러드
148 유럽식 팬케이크
150 미니 떡케이크
152 당근 머핀
154 와인 넛츠 브레드
156 크림치즈 스콘
158 넛츠 쿠키

Part 7. **요리하는 엄마 함신애의 톡톡 아이디어 레시피**

162 영양 갈비찜
164 뽀빠이 주먹밥
166 닭가슴살 넛츠 말이
168 찹쌀전
170 콩자반
172 골뱅이 쌈장
174 석류 샐러드
176 애플 넛츠 토스트
178 고구마 롤 샌드위치
180 과일 넛츠 크럼블
182 누룽지 넛츠 스낵
184 캐러멜 누룽지 튀김
186 넛츠 카나페
188 토르티아 칩

Part 8. **다이어터 김혜련의 탐나는 레시피**

192 새송이 & 돌나물 피자
194 두부 콩국수
196 카프레제 샐러드
198 딸기 & 두부 타르트
200 사과 & 넛츠 타르트
202 시리얼바
204 브레드 푸딩
206 초코 & 바나나 스무디

Part 9. **영양사 전윤주의 스마트 레시피**

210 견계탕
212 주먹밥 구이
214 율무죽
216 표고 장조림
218 훈제 오리 샐러드

Part 10. **요리 블로거 김혜정의 엄마표 건강식 레시피**

222 약고추장 쌈밥
224 닭가슴살 넛츠 볶음
226 뱅어포 조림
228 소프트 밤 잼
230 곶감 파이

Part 11. **요리하는 여고생 표진아의 스위트 레시피**

234 넛츠 크림 스파게티
236 찹쌀 브라우니
238 넛츠 크레이프
240 라면 강정
242 견과 퐁듀
244 봉봉 오 쇼콜라
246 초콜릿 스프레드

Part 12. **16년차 주부 이미란의 웰빙 레시피**

250 햄버그 스테이크
252 연근 견과 조림
254 마늘종 볶음
256 찹쌀 케이크
258 시나몬 롤
260 오트밀 쿠키
262 견과 월병
264 건강 약식
266 삼색 쌀강정
268 넛츠 초콜릿

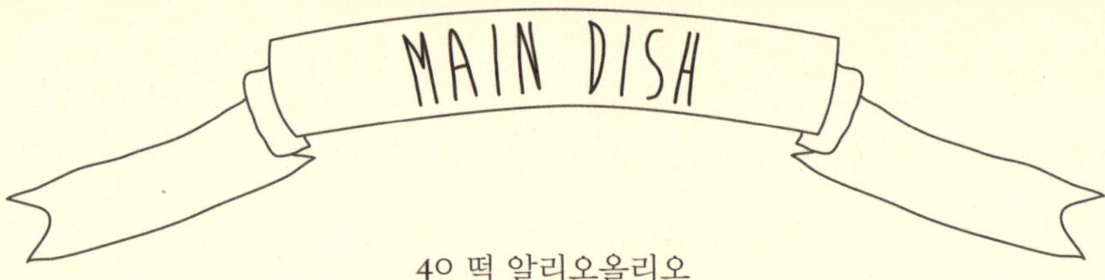

MAIN DISH

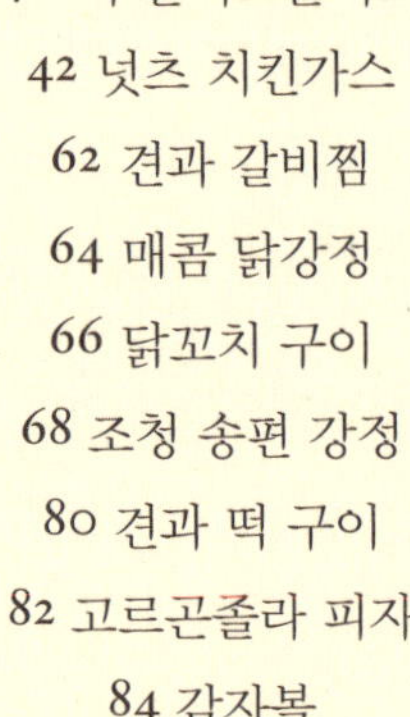

40 떡 알리오올리오
42 넛츠 치킨가스
62 견과 갈비찜
64 매콤 닭강정
66 닭꼬치 구이
68 조청 송편 강정
80 견과 떡 구이
82 고르곤졸라 피자
84 감자볼
106 고소미 주먹밥
118 깐풍 두부 강정
120 고구마 만두 맛탕
132 된장소스 스테이크
134 유자 닭봉 조림
136 견과 떡꼬치 구이
138 고구마 넛츠 오븐 구이
140 쑥 찰떡 구이
162 영양 갈비찜
164 뽀빠이 주먹밥
166 닭가슴살 넛츠 말이
168 찹쌀전
192 새송이 & 돌나물 피자
194 두부 콩국수
210 견계탕
212 주먹밥 구이
214 율무죽
222 약고추장 쌈밥
234 넛츠 크림 스파게티
250 햄버그 스테이크

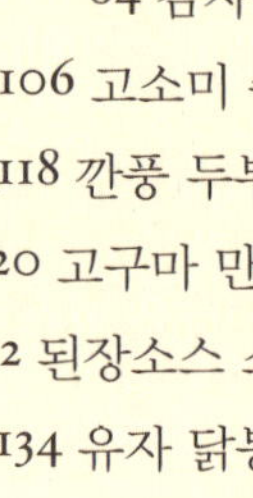

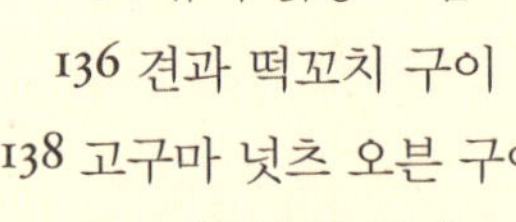

SIDE DISH & SALAD

44 초스피드 우엉 잡채

70 애호박 마늘종 볶음

86 견과 멸치 볶음

88 매운콩 견과 볶음

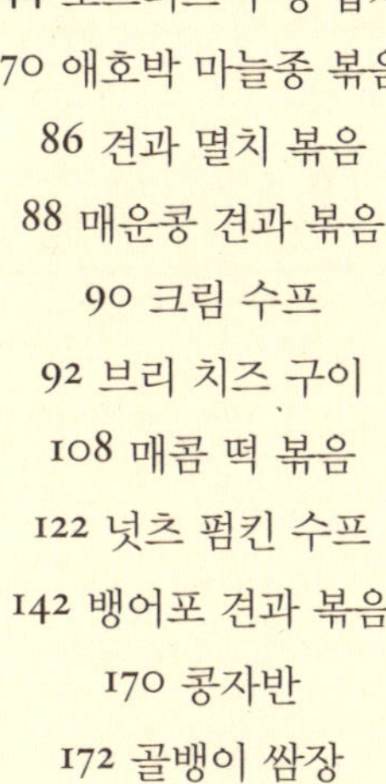

90 크림 수프

92 브리 치즈 구이

108 매콤 떡 볶음

122 넛츠 펌킨 수프

142 뱅어포 견과 볶음

170 콩자반

172 골뱅이 쌈장

216 표고 장조림

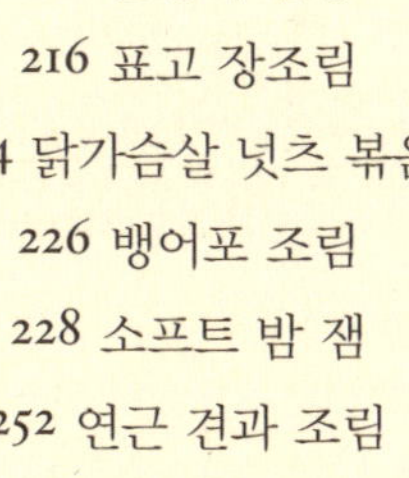

224 닭가슴살 넛츠 볶음

226 뱅어포 조림

228 소프트 밤 잼

252 연근 견과 조림

254 마늘종 볶음

46 당근 샐러드

72 냉 파스타 샐러드

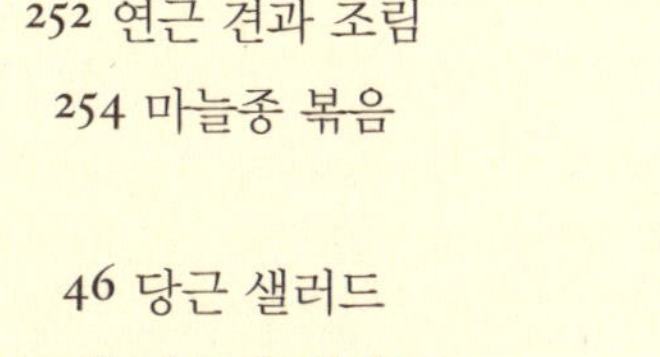

94 사과 샐러드

96 아스파라거스 샐러드

110 채식 얌운센

124 치킨 텐더 샐러드

144 치킨 카레 샐러드

146 베이글 샐러드

174 석류 샐러드

196 카프레제 샐러드

218 훈제 오리 샐러드

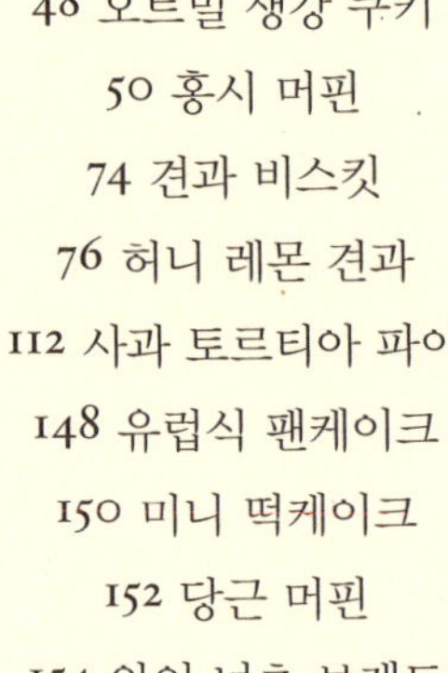

48 오트밀 생강 쿠키
50 홍시 머핀
74 견과 비스킷
76 허니 레몬 견과
112 사과 토르티아 파이
148 유럽식 팬케이크
150 미니 떡케이크
152 당근 머핀
154 와인 넛츠 브레드
156 크림치즈 스콘
158 넛츠 쿠키
176 애플 넛츠 토스트
178 고구마 롤 샌드위치
180 과일 넛츠 크럼블
198 딸기 & 두부 타르트
200 사과 & 넛츠 타르트
202 시리얼바
230 곶감 파이
236 찹쌀 브라우니
238 넛츠 크레이프
256 찹쌀 케이크
258 시나몬 롤
260 오트밀 쿠키
262 견과 월병

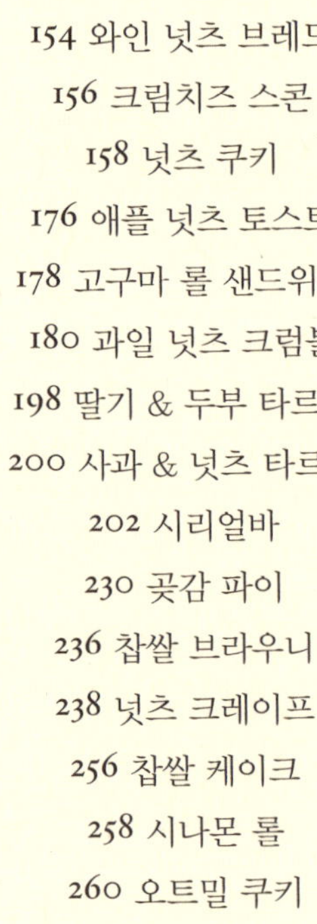

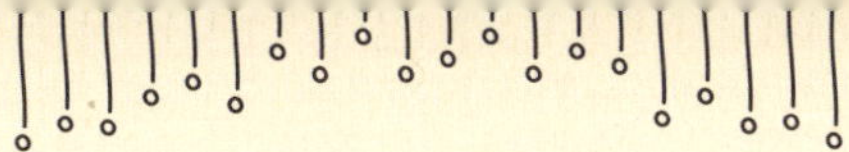

DESSERT

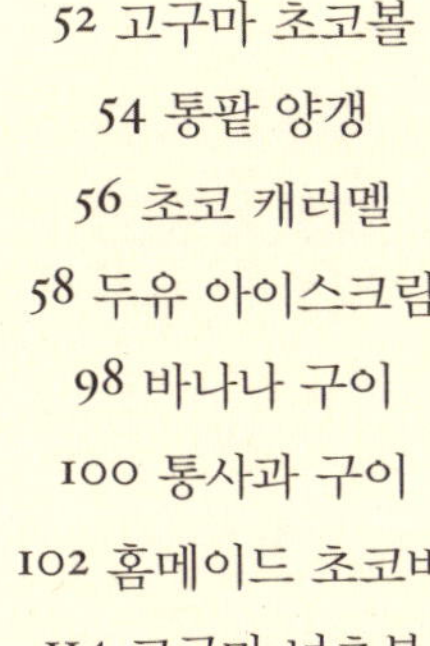

52 고구마 초코볼
54 통팥 양갱
56 초코 캐러멜
58 두유 아이스크림
98 바나나 구이
100 통사과 구이
102 홈메이드 초코바
114 고구마 넛츠볼
126 코코넛 푸딩
128 캐러멜 팝콘
182 누룽지 넛츠 스낵
184 캐러멜 누룽지 튀김
186 넛츠 카나페
188 토르티아 칩
204 브레드 푸딩
206 초코 & 바나나 스무디
240 라면 강정
242 견과 퐁듀
244 봉봉 오 쇼콜라
246 초콜릿 스프레드
264 건강 약식
266 삼색 쌀강정
268 넛츠 초콜릿

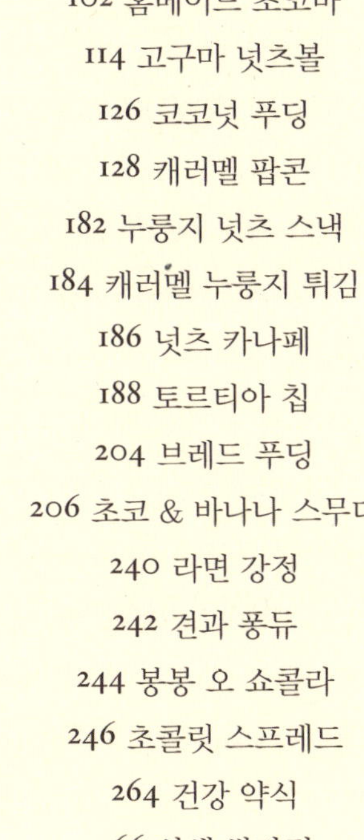

Prologue

"이 세상에 완벽한 식품은 없습니다"

식품은 제각기 여러 종류의 영양소를 다른 비율로 함유하고 있기 때문입니다. 하지만 일부 식품들은 영양적인 요소들이 아주 적절히, 균형 잡힌 비율로 함유되어 있는데, 그러한 식품 중 하나가 바로 '견과류'입니다.

대부분의 견과류는 우리 몸에 이로운 불포화지방산의 함량이 높고 양질의 단백질, 비타민, 무기질, 식이섬유가 풍부하게 함유되어 있어 심혈관계 건강 및 노화 방지, 체내 생리작용에 좋은 영향을 끼칩니다. 이러한 견과류의 영양학적 가치는 최근 다양한 연구결과가 발표됨에 따라 재발견 되었고, 미국 시사 주간지 〈타임 Time〉에서 견과류(아몬드)를 10가지 슈퍼푸드 중 하나로 선정하면서 더 널리 퍼지게 되었습니다. 하지만 견과류에 대한 올바른 정보가 부족했던 국내에서는 단순히 "견과류가 몸에 좋다"라는 인식만 가지고 각종 첨가물이 들어간 믹스넛츠, 대용량 견과류를 구입해 무절제하게 섭취하기에 이르렀습니다. 이에 닥터넛츠는 '견과류 1일 적정섭취량' 개념을 국내에 도입하고 몸에 좋은 견과류 적정량을 꾸준히, 그러나 질리지 않고 맛있게 섭취할 수 있는 방법을 모색하던 중 '넛츠 레시피 Nuts Recipe 공모전'을 기획하게 되었습니다.

『세상의 모든 넛츠 레시피: 견과류를 맛있게 먹는 104가지 방법』은 6개월 동안 '넛츠 레시피 공모전'을 통해 응모된 수백 가지의 레시피 중 견과류의 영양소를 최대한 살리면서, 실생활에서 쉽게 적용할 수 있는, 맛있고 기발한 레시피를 엄선했습니다. 요리 연구가에서부터 영양사, 푸드 스타일리스트까지, 요리에 일가견이 있는 12인의 104가지 레시피를 견과류에 관한 유용한 정보와 함께 이 한 권의 책에 오롯이 담았습니다.

마지막으로 『세상의 모든 넛츠 레시피: 견과류를 맛있게 먹는 104가지 방법』을 위해 수차례 수정에 수정을 거듭하며 완성도 높은 레시피를 제공해 주신 12인의 입상자 분들, '넛츠 레시피 공모전'에 참여해 주신 모든 지원자 분들, 공모전 기획과 도서 제작에 힘써 주신 모든 분들께 감사의 말씀을 전합니다. 더불어 이 책을 통해 좀 더 많은 분들에게 견과류의 매력을 알릴 수 있는 계기가 되기를 바랍니다.

2013년 6월, 닥터넛츠

“세상의 모든 넛츠 레시피:
견과류를 맛있게 먹는 104가지 방법”은

‘2013 넛츠 레시피 공모전’에 입상한 12인의 레시피북입니다

㈜인테이크푸즈와 ㈜영진미디어가 주관한 ‘2013 넛츠 레시피 공모전’에 입상한, 요리에 일가견이 있는 12인의 레시피를 담았습니다. 요리 연구가에서부터 푸드 스타일리스트, 영양사, 본인만의 식단으로 60kg 감량에 성공한 다이어터까지, 그들만의 노하우가 담긴 개성 넘치는 104가지 넛츠 레시피를 소개합니다.

‘견과류’라는 재료의 고정관념을 깨는, 기발하고 재미있는 레시피를 선사합니다

견과류를 이용해 만드는 메인 디시, 사이드 디시, 샐러드, 베이킹, 디저트 레시피로, 몸에 좋은 견과류를 질리지 않고 매일매일 맛있게 먹을 수 있는 방법을 담았습니다.

견과류 적정섭취량을 생각한 레시피와 유용한 정보를 한 권의 책에 담았습니다

견과류에 관한 유용한 정보들과 함께 각 레시피마다 견과류 함량, 섭취량을 표기해 몸에 좋은 견과류를 똑바로 알고, 올바르게 섭취할 수 있도록 구성하였습니다.

특별한 조리 도구 없이도 집에서 쉽게 만들 수 있습니다

계량컵과 계량스푼 없이 정확하게 계량하는 법, 조리 과정에서 알아 두면 편리한 Tip 등을 사진과 글로 자세하게 설명해 요리 초보자도 집에서 쉽게 따라할 수 있도록 하였습니다.

"세상의 모든 넛츠 레시피" 활용하는 법

★☆☆ | 15MIN | | 50%

상큼함과 새콤함의 조화

사과 샐러드

반죽 시간, 숙성 시간, 굽는 시간을 모두 포함한 시간을 나타냅니다. 단, 조리 전 미리 준비해야 하는(재료를 불리거나 고기의 핏물을 제거하는)시간은 포함하지 않았습니다.

각 레시피의 분량을 나타냅니다. 제시된 '사과 샐러드'의 경우, 2인분을 나타냅니다.

제시된 요리를 먹을 때 섭취할 수 있는 1인 1일 견과류 적정섭취량(28g)의 백분율을 나타냅니다.
제시된 '사과 샐러드'의 경우, 2인 분량의 요리에 28g의 견과류가 포함되었기 때문에 50%로 표시하였습니다.

NUTS RECIPE

별의 개수는 각 레시피의 난이도를 나타냅니다. 본 책은 요리 초보자들도 쉽게 따라할 수 있도록 구성하였습니다.

별 한 개 ★☆☆는 조리 과정이 간단하고 소요 시간도 짧은 레시피를,
별 두 개 ★★☆는 조리 과정은 어렵지 않지만 소요 시간이 비교적 긴 레시피를,
별 세 개 ★★★는 조리 과정이 비교적 복잡하고 소요 시간도 긴 레시피를 나타냅니다.

INGREDIENT

- 견과류 ················· 28g
- 샐러드용 채소 ········ 200g
- 사과 ···················· ½개
- 레몬 ···················· ⅓개
- 파르메산 치즈가루 적당량

DRESSING

- 올리브유 ············ 1큰술
- 발사믹 식초 ·········· 1큰술
- 소금 약간
- 후춧가루 약간

본 책의 레시피에 사용된 견과류는 아몬드, 캐슈너트, 호두, 피스타치오, 피칸으로 구성된 닥터넛츠 패키지입니다. 취향에 따라, 요리에 따라, 견과류의 종류를 선택해 사용하세요.

2

3

4

5

HOW TO MAKE

1. 사과와 레몬은 한 입 크기로 썰어 준다.
2. 샐러드용 채소는 흐르는 물에 씻은 후 적당한 크기로 잘라 체에 받쳐 물기를 제거한다.
3. 드레싱 재료를 골고루 섞어 준다.
4. 그릇에 채소, 사과, 레몬을 보기 좋게 담는다.
5. 드레싱 소스와 견과류, 파르메산 치즈가루를 뿌려 마무리한다.

조리 과정이 사진으로 제시된 경우, 숫자의 색을 달리해 보기 쉽게 구성했습니다.

TIP
- 파르메산 치즈가루는 샐러드를 먹기 직전에 뿌려야 물기를 흡수하지 않아 맛있어요.
- 견과류가 들어간 샐러드에는 올리브유와 발사믹 식초를 섞은 드레싱이 잘 어울린답니다.

94 | 95

각 요리마다 알아 두면 좋은 정보를 담았습니다.

재료 준비하기

PREPARING INGREDIENTS

대추 꽃모양 내기
채 썰기와 같은 방법으로 씨를 제거한 후 돌돌 말아 썬다.
마늘 다지기
마늘을 칼등으로 으깬 후 다진다.
파 다지기
줄기를 잡고 세로로 여러 번 칼집을 낸 후 송송 썬다.

계량하기
MEASURING CUP & SPOON

계량스푼

* 가루, 소스 재료는 수북이 쌓은 후 평평하게 깎아 계량합니다.

계량컵

200ML　　100ML　　50ML

* 계량컵과 눈높이를 맞추고 표시된 눈금까지 담아 계량합니다.
* 가루 재료는 꾹꾹 눌러 담지 않고, 자연스럽게 수북이 쌓은 후 평평하게 깎아 계량합니다.

종이컵으로 계량하기

1컵 = 종이컵 1컵 가득 = 20 숟가락

1/2컵 = 종이컵 1/2분량 = 10 숟가락

1/4컵 = 종이컵 1/4분량 = 5 숟가락

밥 숟가락으로 계량하기

견과류를 소개합니다
INTRODUCE THE NUTS

피칸은 불포화지방, 비타민 E 이외에도 뇌신경을 안정시키는 칼슘, 신경계 건강에 관여하는 비타민B군의 함량이 높아 칼슘이 부족한 노인, 신경계 질환이 있는 환자들에게 좋은 식품이에요.

헤이즐넛에는 단백질과 불포화지방, 비타민E, 식이섬유가 다량 함유되어 있어 배변활동을 증가시키고 콜레스테롤 수치를 저하시키는 효능이 있어요. 엽산도 풍부하게 함유되어 있기 때문에 임신부의 엽산 보충제로 이용되기도 해요.

견과류 중 비타민E의 함유량이 단연 으뜸인 아몬드(100g당 약 24mg, 호두는 약 0.7mg)는 성인병을 예방하고 노화를 지연시키는 효과가 뛰어나요. 또한 다량의 식이섬유를 함유하고 있어 배변활동을 활발하게 하고, 껍질에 함유되어 있는 플라보노이드 flavonoid 성분으로 인해 항균, 항암, 항바이러스, 항염증, 항산화 작용에도 뛰어나지요. 게다가 탄수화물 함량이 매우 낮고 식이섬유 함량은 높은 식품이라 체중 조절에 효과적이고, 당뇨병 환자의 간식으로도 매우 좋은 식품이에요.

불포화지방의 함량이 70% 이상을 이루는 호두는, 리놀렌산과 오메가3 지방산이 풍부해 동맥경화와 같은 심혈관계 질환에 좋아요. 또한 두뇌 발달을 높이고 당뇨병 합병증 위험을 낮추며, 간과 신장 기능을 강화하는 효능도 있어요.

캐슈너트는 비타민E, 비타민K, 불포화지방, 판토텐산, 셀레늄을 풍부하게 함유하고 있어 신체 조직의 노화와 변성을 막고, 산화 작용을 억제하는 효능이 있어요. 하지만 다른 견과류에 비해 포화지방의 함량이 조금 높은 편이라 단독으로 과량 섭취하기 보다는 다른 종류의 견과류와 섞어 하루 적정량(약28g)을 섭취하는 것이 좋아요.

피스타치오에는 비타민E, 불포화지방, 칼륨이 함유되어 있어요. 뿐만 아니라 아몬드와 함께 다량의 식이섬유소를 포함하고 있는 저탄수화물 식품이라 체중 조절에 효과적이고 당뇨병 환자의 간식으로도 좋은 식품이에요.

견과류 로스팅
HOW TO ROAST

껍질을 제거하지 않은 생 견과류는 일반적으로 열처리나 가공처리가 되지 않은 채 판매되기 때문에 견과류에 함유된 풍부한 영양소 100%를 그대로 흡수할 수 있어요. 하지만 견과류 특유의 생 비린내가 나기 때문에 식감이 떨어지는 경향도 있지요. 이런 경우, 견과류를 낮은 온도의 불에서 살짝 구우면 비린내가 사라지고 식감도 좋아져 견과류를 더욱 맛있게 섭취할 수 있어요. 하지만 견과류를 고온에서 장시간 가열할 경우, 몸에 좋은 영양소가 파괴될 수 있기 때문에 오븐에 굽는 요리에 사용되는 생 견과류는 따로 로스팅을 하지 않은 채로, 직접 섭취하는 생 견과류는 낮은 불에 단시간 구워 섭취하는 것이 가장 좋아요. 아래와 같은 방법을 이용하면 집에서도 손쉽게 바삭하고 고소한 견과류를 만들 수 있어요.

오븐에 로스팅 하는 방법

1. 견과류를 흐르는 물에 깨끗하게 씻는다.
2. 체에 받쳐 물기를 제거한 후 건조시킨다.
3. 100℃로 예열된 오븐에서 25분간(또는 145℃로 예열된 오븐에서 10분간) 굽는다.

팬에 굽는 방법

1. 견과류를 흐르는 물에 깨끗하게 씻는다.
2. 체에 받쳐 물기를 제거한 후 완전히 건조시킨다.
3. 두꺼운 팬에서 약한 불로 약 10분간 타지 않게 저어 가며 로스팅 한다.

견과류, 제대로 알고 먹기

견과류의 재발견

최근 견과류에 대한 관심과 함께 견과류의 영양학적 효능에 대한 국내외 연구결과들이 발표됨에 따라 견과류의 가치가 '재발견'되고 있어요. 미국 시사 주간지 〈타임TIME〉이 선정한 '10대 슈퍼푸드' 중 하나인 견과류는 단백질, 불포화지방, 비타민, 무기질 등 우리 몸에 이로운 각종 영양소가 듬뿍 들어 있어 영양학적으로 많은 이점을 가진 식품이에요. '견과류와 심혈관계 질환'에 대해 연구한 캐나다 토론토대학University of Toronto의 시릴 켄달Cyril Kendall박사는 "아몬드에는 풍부한 양의 단백질과 식이섬유소가 포함되어 있다"고 발표했어요. 이러한 연구결과에 힘입어 한국영양학회는 2010년, 아몬드를 포함한 견과류를 유지류에서 단백질류로 변경하기도 했지요. 이러한 최근의 연구결과와 영양학회의 움직임은 '견과류는 지방 덩어리'라는 사람들의 고정관념이 잘못된 것임을 알려 주는 계기가 되었어요. 견과류의 지방 함량이 높은 편인 것은 사실이지만, 이 지방은 대부분 우리 몸에 꼭 필요한 불포화지방으로 이루어져 있어요. 이 불포화지방은 우리 몸에서 에너지원으로 이용되기도 하며, 면역체계를 강화하고, 다른 음식물에서 에너지를 추출하는 데 이용되기도 해요. 또한 견과류에는 신체 대사 작용에 필수적인 아미노산이 함유되어 있어 심혈관계 질환을 예방하며, 당분의 흡수를 억제할 뿐 아니라, 포만감을 주는 식이섬유소가 다량 함유되어 있어 적정량(하루 1온스, 약28g) 섭취 시 오히려 비만을 예방할 수 있는 식품이에요.

견과류와 심혈관계 질환

적정량의 견과류 섭취 시 가장 큰 이점은 바로 심혈관계 질환을 예방할 수 있다는 것이에요. 심혈관계 건강과 견과류의 상관관계에 관해서는 아주 탄탄한 학문적 근거들이 있어요. 미국 하버드대학교Harvard University 연구원들은 견과류에 함유된 다가불포화지방산인 아르기닌arginine 성분 때문에 적정량의 견과류를 정기적으로 섭취하게 되면 체내 콜레스테롤 수치가 대폭 감소하며, 심장의 부정맥을 예방하는 효과가 있다고 밝혔어요. 미국의 대표 조사기관인 〈Adventist Health Study〉, 〈The Iowa Women's Health Study〉, 〈The Nurses' Health Study〉, 〈Physicians' Health Study〉에서는 6~14년 동안 약 160,000명의 성인남녀를 대상으로 식이습관에 관한 역학조사를 한 결과, 하루 1온스의 견과류를 주 4~5회 섭취하는 그룹의 심혈관계 질환 발병률이 그렇지 않은 그룹의 발병률과 비교했을 때 18~51% 정도 감소했다는 결과를 발표했어요. 이 외에도 최근 수많은 연구결과가 발표되고 있어 '견과류가 심혈관계 건강에 긍정적인 영향을 미친다'는 주장은 근래 통설로 받아들여지고 있지요.

견과류와 피부 건강

식품을 통해 섭취하는 각종 영양소는 피부를 구성하는 성분 그 자체이기 때문에 피부건강과 식습관은 밀접한 관련이 있어요. 최근 견과류가 피부 모공과 유 · 수분 밸런스에 직접적인 영향을 준다는 연구결과가 발표되어 이슈가 되고 있지요. 세계사이버대학 약용건강식품과 조현주 교수는 견과류를 주 1회 미만 섭취한 그룹, 주 1~2회 섭취한 그룹, 그리고 주 3회 이상 섭취한 그룹의 피부 모공 크기를 측정했어요. 그 결과 견과류를 주 1회 미만 섭취한 그룹의 피부 모공이 42.1, 주 1~2회 섭취한 그룹이 37.7, 주 3회 이상 섭취한 그룹이 35.4로, 견과류를 주 3회 이상 섭취한 그룹의 모공 크기가 가장 작아진 결과를 얻었어요(이 실험은 모공 크기 측정기인 'Aramo-TS'로 측정했으며, 숫자가 작을수록 모공의 크기가 작은 것을 의미해요). 이는 견과류에 함유된 불포화지방산이 피부의 각질층이 정상적인 기능을 하도록 도와 피부 모공이 작아지고, 매끄러운 상태를 유지하는 데 도움을 주기 때문이에요. 또한 견과류는 피부의 주요 구성 성분인 단백질과 지방을 충분히 공급해 피부의 재생을 도와 매끄럽고 윤기 나는 피부를 가꾸는 데 도움을 주어요.

노화 방지에 탁월한, 호두

인간의 노화는 보통 24세 전후로 진행되는데, 꾸준한 운동과 규칙적인 생활, 항산화제가 함유된 식품의 정기적인 섭취로 노화를 지연시킬 수 있어요. 항산화제는 체내에 존재하는 노화의 주범인 활성산소의 활동을 막는 역할을 해요. 그래서 항산화제가 다량 함유되어 있는 식품을 섭취하면 노화를 지연시킬 수 있는데, 견과류가 바로 월등한 항산화 효능을 가진 식품이에요. 이는 항산화 작용을 하는 대표적인 영양소인 비타민E, 체내에서 항산화 작용을 돕는 효소의 구성 성분인 셀레늄, 그리고 아연이 견과류에 다량 함유되어 있기 때문이지요. 견과류 중 항산화 성분이 가장 많은 호두는 비타민E보다 15배 강력한 항산화 성분을 함유하고 있어 노화방지 식품 중에서는 단연 으뜸이라고 할 수 있어요.

견과류, 올바르게 알고 똑똑하게 섭취하기

견과류는 생으로 먹거나 낮은 열로 단시간 가열한 후 먹는 것이 가장 좋아요. 견과류를 고온에서 장시간 가열할 경우, 몸에 좋은 영양소가 파괴될 수 있기 때문이지요. 시중에 나와 있는 가공된 견과류의 경우 설탕, 소금 등 각종 조미료가 과하게 첨가되거나 화학적 합성 첨가물들이 포함되어 있어 오히려 건강에 좋지 않아요. 견과류의 1일 적정섭취량은 보통 1온스(약 28g)로 제안되고 있어요. 그 이유는 오래 전부터 견과류를 꾸준히, 적당히 섭취하는 식습관이 잘 자리 잡힌 북미 및 유럽의 견과류 관련 연구에서 견과류의 건강적 효능의 여부를 판단하기 위해 가장 많이 쓰이는 기준량이 바로 1온스이기 때문이에요. 또한 불포화지방산의 1일 적정섭취량인 12~14g이 견과류 1온스에 포함되어 있기 때문이죠.

견과류를 건강 간식으로 섭취하는 방법은 그 대상 및 연령에 따라 달라요. 3세 이하 영 · 유아의 경우, 통 견과류를 생으로 섭취하면 질식 및 알레르기의 위험이 있어 추천하지 않는 것이 일반적이에요. 36개월 이상 영 · 유아부터는 잘게 부수거나 갈아 놓은 견과류를 조금 섭취하도록 하여 먼저 알레르기에 대한 반응을 체크한 후 섭취하는 것이 좋아요. 3세부터 7세까지의 아이들에게는 견과류 1일 적정섭취량의 절반인 14g을 섭취하도록 하는 것이 적당해요. 이 시기에는 기초대사가 활발하기 때문에 허기질 때마다 간식으로 섭취하면 좋아요. 8세부터 청소년기까지는 성인과 같은 양인 28g의 견과류를 섭취할 수 있어요. 이 시기에는 학업으로 인해 상당한 집중력을 필요로 하기 때문에 틈틈이 견과류를 섭취해 적절한 포만감을 느끼게 해 주는 것이 좋아요. 체중 조절 중인 성인의 경우, 하루 중 칼로리 섭취가 가장 높은 식사 30분 전, 또는 허기질 때마다 견과류를 섭취해 포만감을 유발시켜 식사량을 조절할 수 있어요. 반대로 저체중인 성인의 경우, 견과류를 식사 전에 섭취하면 식욕이 떨어질 수 있기 때문에 식사 후 디저트용으로, 혹은 간식용으로 섭취하는 것이 적절한 체중을 유지하는데 도움이 되지요.

위와 같은 방법으로 견과류를 섭취할 시에는 한 가지 견과류를 섭취하는 것보다 3~5가지 종류의 견과류를 섞어 적정섭취량만큼 먹는 것이 더 좋아요. 각 견과류마다 함유하고 있는 영양소와 그 함량의 정도가 다르기 때문이죠. 또한 견과류는 산소, 습기, 직사광선, 열에 쉽게 상할 수 있기 때문에 대량으로 구입하기보다는 소량씩 자주 구입해 한 번 먹을 만큼씩 포장해 냉장보관하는 것이 좋아요.

견과류와 다이어트

소비하는 칼로리보다 섭취하는 칼로리가 많으면 체중이 증가한다는 것은 누구나 알고 있는 사실이죠. 하지만 섭취하는 칼로리의 질이 체중의 증감에 영향을 주기도 하는데, 이 대표 식품 중 하나가 바로 견과류에요. 과거부터 견과류는 고지방 식품이기에 단순히 '살이 찌는 지방 덩어리'로 오해 받아 왔지만, 똑바로 알고 올바르게 섭취하면 오히려 체중조절에 긍정적인 영향을 미치는 식품이에요.

최근 미국 영양학회저널 〈Journal of the American College of Nutrition〉에서 13,000명을 대상으로 시행한 역학조사 결과, 견과류를 정기적으로 섭취한 그룹의 체질량지수(BMI, 체중kg을 키의 제곱m^{2}으로 나눈 값을 통해 지방의 양을 추정하는 비만 측정법, 비교적 정확하게 체지방의 정도를 반영할 수 있어 가장 많이 이용되는 비만 지표)와 허리둘레가 그렇지 않은 그룹보다 낮은 것으로 나타났어요. 스페인 바르셀로나대학교Barcelona University에서는 "견과류를 섭취하면 체내 세로토닌serotonin 분비가 촉진되어 체중 조절에 효과가 있다"는 연구 결과를 발표한 적이 있어요. 우울증 환자에게도 처방되는 '세로토닌'이라는 신경전달 물질은 우울한 기분을 예방하는 동시에, 복용자의 식욕을 떨어트려 체중을 감소시키는 효과가 있는 물질이에요. 즉, 견과류를 섭취하면 체내 세로토닌 분비가 촉진되어 식욕이 떨어지고, 이를 통해 식사량을 조절할 수 있어 복부비만 해소 및 체중조절에 용이하다는 것이죠. 미국

퍼듀대학교Purdue University에서는 "견과류는 포만감을 오래 유지하게 한다"는 연구결과를 발표했어요. 우리가 즐겨 먹는 대부분의 간식들은 대체로 30분 정도만 허기를 늦추는 반면, 견과류는 약 2시간 30분 이상 포만감을 유지하게 해 준다고 해요. 그 이유는 혈당지수(GI, 탄수화물이 포도당으로 전환되는 과정에서 혈당 농도를 상승시키는 정도를 나타낸 값으로, 혈당지수가 낮을수록 탄수화물 흡수 속도가 느리고 혈당수치가 낮다) 때문인데, 견과류는 혈당지수가 낮아 탄수화물 흡수 속도가 다른 식품에 비해 늦기 때문에 체중조절용 식품으로 적합하다는 결론이에요.

따라서 견과류와 다이어트의 상관관계에 대해 정리하면, 견과류에 포함되어 있는 지방의 5~15%는 체내에 흡수되지 않고 배출되며, 세로토닌 분비 촉진, 풍부한 식이섬유와 낮은 혈당지수로 포만감을 오래 유지시켜 주기 때문에 견과류는 과식과 잘못된 식습관 교정, 체중감소에 도움을 주는 식품이라고 할 수 있어요.

견과류와 당뇨병

당뇨병 환자의 경우, 섭취하는 음식물마다 당류의 함량을 체크해 혈당수치를 관리해야 하기 때문에 그에 맞는 간식을 고르기가 쉽지 않지요. 하지만 견과류는 저당류 식품으로 적정량 섭취 시 당뇨병 환자들의 간식으로 매우 알맞은 식품이에요. 최근 견과류가 당뇨병 예방과 치료에 긍정적인 영향을 미친다는 연구결과가 발표되었어요. 미국의 하버드대학교 〈Nurse Health Study〉에서는 34~59세에 해당되는 83,000명의 여성 간호사를 대상으로 제 2형 당뇨병과 견과류의 상관관계에 대해 연구한 결과 주 5회 이상, 1온스(약 28g)의 견과류를 섭취한 그룹이 견과류를 전혀 먹지 않거나 1온스 미만으로 섭취한 그룹에 비해 당뇨병 발병 확률이 약 27% 낮은 것으로 나타났어요.

견과류와 암

영국 영양학 저널 〈British Journal of Nutrition〉에서는 견과류가 항암 작용에 뛰어난 역할을 하는 식품이라는 연구결과를 발표했어요. 이는 견과류에 함유되어 있는 성분들 때문인데, 견과류에 풍부하게 함유되어 있는 비타민E와 셀레늄[selenium]의 뛰어난 항산화 작용, 플라보노이드[flavonoids]와 폴리페놀[polyphenol]의 체내 세포 분화와 증식 조절작용 및 발암물질 생성 억제 작용, 엽산에 의한 DNA의 손상 감소와 돌연변이 생성 억제 작용 및 염증반응과 면역반응의 조절 작용, 풍부한 섬유질에 의한 대장암 유발 억제 작용 때문이지요. 이 외에도 견과류는 결장암, 위암, 전립선암, 자궁내막암의 위험을 감소시킨다는 연구결과가 발표되어 암 예방에 효과가 있는 것으로 알려져 있어요.

견과류의 올바른 저장법

견과류는 산소, 습기, 직사광선, 열에 쉽게 상하는 성질이 있기 때문에 저장과 보관에 각별히 신경을 써야 하는 식품이에요. 진공포장되어 유통되는 견과류는 문제가 되지 않지만, 포장되지 않은 채 수북이 쌓아 놓고 판매되는 견과류는 상했는지 의심해 보아야 해요. 견과류가 잘 상하는 이유는 바로 불포화지방산의 높은 함량 때문이에요. 불포화지방산은 우리 몸에 꼭 필요한 성분이지만 산화되면 인체에 좋지 않은 성분으로 바뀌는 동시에 맛과 향도 좋지 않게 변질되기 때문에 견과류를 올바르게 저장하는 것이 중요해요. 견과류는 온도가 24~35°C, 수분이 7% 이상일 때 곰팡이에 오염될 확률이 커요. 이 때, 간암을 일으킬 수 있는 아플라톡신aflatoxin이라는 독소가 생성될 수 있는데, 이 독소는 한 번 발생하면 높은 온도로 가열해도 없어지지 않기 때문에 주의해야 돼요. 산패와 독소의 위험에 대비하기 위해서는 견과류를 제대로 밀봉해 냉장 보관하는 것이 좋아요. 가장 좋은 방법은 소량씩 나누어 진공 또는 질소 포장된 제품을 냉장보관하는 것이지만 진공 또는 질소포장을 하기 어려운 경우, 신선한 견과류를 소량씩 자주 구입해 냉장보관하고 빠른 시일 내로 섭취하는 것이 좋아요.

견과류와 함께 섭취하면 좋은 식품

견과류는 비타민E, 불포화지방산, 단백질 등 우리 몸에 꼭 필요한 다양한 영양소를 함유하고 있지만, 부족한 영양소도 있지요. 바로 비타민A와 비타민C인데, 견과류를 비타민A와 비타민C가 풍부한 채소류, 과일류와 함께 섭취하면 부족한 영양소를 보충해 영양학적으로도 완벽한 식단이 될 수 있죠. 특히 비타민C의 경우에는 비타민E의 체내 흡수를 촉진시키는 역할을 하기 때문에 비타민E가 풍부한 견과류와 함께 섭취하면 찰떡궁합이에요.

알아 두면 좋은 요리 상식

냉동실의 고기는 육즙이 빠지지 않게 천천히 해동하세요

냉동실에 보관했던 육류를 해동하는 가장 좋은 방법은 조리하기 하루 전에 냉장고로 옮겨 천천히 해동시키는 것이에요. 만약 시간이 충분하지 않다면 고기를 비닐에 담아 물이 들어가지 않게 밀봉한 후 찬물에 담가 해동시키세요. 빠른 시간 안에 해동하려고 전자레인지에 데우면 육즙이 빠져 고기 본연의 맛이 떨어지니 조리하기 전에 충분한 시간을 두고 미리 해동해 두세요.

쇠고기를 연하게 하려면 단백질 분해 효소가 함유된 식품을 이용하세요

질긴 부위의 쇠고기를 부드럽게 하려면 조리하기 전 칼집을 내 단백질 분해 효소가 함유된 식품에 재워 두세요. 고깃결의 직각 방향으로 칼집을 내면 고기를 연하게 만들 수 있지만 너무 많은 칼질을 하게 되면 고기의 맛을 좌우하는 육즙이 많이 빠져나갈 수 있으니 적당하게 칼집을 내어 고기 본연의 육질을 살리는 것이 좋아요. 칼질만으로 부족한 경우에는 단백질 분해 효소가 함유된 키위, 파인애플, 배, 무, 양파를 갈아 넣고 잠시 재워 둔 후 요리하면 좋아요. 이 때 너무 많은 양을 넣고 재우면 고기가 흐물흐물해질 수 있으니 주의하세요.

쇠고기는 핏기를 제거한 후 요리하세요

쇠고기를 핏기가 남아 있는 상태에서 요리하면 고기의 맛이 텁텁해질 수 있어 조리하기 전 반드시 핏기를 제거해 주어야 해요. 뼈가 붙어있는 부위는 찬물에 잠시 담가 두어 핏물을 빼 주고, 손질된 살코기는 키친타월로 꾹 눌러 핏기를 제거해 주는 것이 좋아요.

닭고기의 누린내는 우유로 제거하세요

닭고기도 돼지고기와 마찬가지로 청주, 와인을 뿌리거나 월계수 잎, 계피, 후춧가루, 허브를 사용해 누린내를 제거할 수 있어요. 또한 손질된 닭고기를 우유에 담가 두어도 우유의 지방 성분이 닭고기 특유의 누린내를 흡수해 냄새를 효과적으로 제거할 수 있어요.

돼지고기의 잡냄새는 집에 있는 재료로 손쉽게 제거할 수 있어요

남녀노소 누구나 좋아하는 돼지고기는 다양한 요리에 사용되지만 특유의 잡냄새 때문에 요리의 맛이 떨어지는 경우가 많지요. 돼지고기의 잡냄새는 집에서 손쉽게 구할 수 있는 재료를 이용해 없앨 수 있어요. 손질한 돼지고기에 생강이나 마늘, 양파를 다져 넣거나 월계수 잎, 계피, 후춧가루, 허브로 버무려 재워 두면 재료 특유의 향이 돼지고기의 잡냄새를 잡아 주어요. 집에 있는 각종 술을 이용할 수도 있는데, 청주나 와인을 돼지고기에 뿌리면 알코올 성분이 휘발되면서 잡냄새도 함께 사라지기 때문에 냄새 제거에 효과적이에요. 이때 알코올 도수가 낮은 술을 사용해야 완성된 요리에서 알코올 냄새가 나지 않으니 주의하세요. 만약 요리가 완성된 후에도 잡냄새가 남아 있다면 통후추를 갈아 뿌려 주세요.

백설탕, 황설탕, 흑설탕, 제대로 알고 알맞게 사용하세요

대부분의 사람들은 백설탕이 황설탕, 흑설탕보다 몸에 좋지 않은 것으로 알고 있는데, 이는 잘못된 사실이에요. 백설탕은 오히려 설탕의 제조 공정에서 가장 먼저 만들어지는 순도 99.9% 이상의 순수한 제품으로, 색이 하얀 이유는 표백제를 사용해서가 아니라 설탕의 순수한 성분인 수크로오스가 하얀색이기 때문이에요. 이 백설탕에 열을 가한 것이 황설탕, 황설탕에 캐러멜 시럽이나 당밀 성분을 더한 것이 흑설탕이에요. 하지만 시중에 판매되는 백설탕은 화학적으로 정제된 것이기 때문에 원당보다 당도가 높고, 물에도 쉽게 녹고, 보관 기간도 길지만, 가공 과정에서 미네랄 성분을 잃고 칼로리만 남게 되지요. 따라서 시중에 판매되는 백설탕과 황설탕은 영양학적으로 거의 차이가 없기 때문에 요리의 종류에 따라 다르게 사용하는 것이 좋아요. 황설탕은 식감을 살리는 갈색 빛을 내기 때문에 베이킹에 사용하는 것이 좋고, 특유의 풍미가 있기 때문에 커피나 홍차 등 본래의 향을 살려야 하는 음식에는 사용하지 않는 것이 좋아요. 흑설탕은 당밀의 함량이 가장 높아 사탕수수의 풍미가 살아 있어 약식, 수정과를 만들 때 사용하면 좋아요.

가급적 유기농 설탕을 사용하세요

시중에 판매되는 일반 설탕(백설탕, 황설탕, 흑설탕)은 화학적 정제 과정을 거치기 때문에 가공 과정에서 미네랄 성분을 잃게 되지요. 하지만 유기농 설탕은 유기농법으로 재배한 사탕수수로 화학적 정제 과정을 거치지 않고 만든 것이기 때문에 섬유질, 비타민, 미네랄이 보존되어 있고, 당밀을 제거하지 않아 색이 누렇고 단맛이 적은 것이 특징이에요.

오븐은 반드시 예열한 후에 사용하세요

알맞은 온도로 예열된 오븐에 반죽을 넣는 것은 요리의 완성도를 높이기 위한 필수 과정이에요. 예열되지 않은 오븐에 반죽을 넣으면 반죽이 제대로 부풀어 오르지 못해 최상의 맛을 낼 수 없기 때문이에요. 예열하는 가장 좋은 방법은 반죽을 넣기 10분 전에 굽는 온도보다 10°C 높은 온도로 설정해 두고, 반죽을 넣은 후 다시 10°C 낮춰 굽는 것이에요. 이는 반죽을 넣는 과정에서 오븐 내부의 온도가 낮아질 수 있기 때문이에요.

버터는 빵의 종류에 따라 다르게 준비해 두세요

버터는 보통 냉장고에서 보관하는데, 빵의 종류에 따라 냉장고에서 바로 꺼내 사용하는 차갑고 단단한 상태의 버터, 1~2시간 실온에 두어 부드러운 상태의 버터, 중탕하거나 전자레인지를 사용해 액체 상태로 녹인 버터로 각각 다르게 사용하는 것이 좋아요.

타르트나 파이처럼 반죽에 끈기가 없고 입안에서 부스러지는 빵은 차갑고 단단한 상태의 버터를 사용하는 것이 좋아요. 버터의 차가운 상태를 유지하기 위해 계량을 하고 조각을 내어 다시 냉장고에 넣고, 반죽에 넣기 직전에 다시 꺼내어 사용하는 것이 빵의 완성도를 높이는 가장 좋은 방법이에요.

마들렌처럼 부드러운 식감을 가진 빵은 액체 상태로 녹인 버터를 사용하는 것이 좋아요. 버터를 녹일 때에는 중탕하거나 전자레인지에서 10초 간격으로 여러 번 돌려 완전한 액체 상태로 만든 후 사용하세요. 불에 직접 녹일 경우 버터가 탈 수 있으니 반드시 중탕해 사용하세요.

이 외 빵은 실온에 두어 부드러워진 상태의 버터를 사용하세요. 요리하기 1~2시간 전에 냉장고에서 꺼내 두어 말랑말랑한 상태로 만들어 사용하는 것이 가장 좋아요. 하지만 실온에 두어 부드러운 상태로 만들 시간이 부족한 경우, 버터를 여러 조각으로 잘라 전자레인지에 10초씩 여러 번 돌려 나무주걱으로 이기면서 부드러운 상태가 될 때까지 녹여 주세요. 버터를 덩어리째 전자레인지에 오래 돌리면 버터가 가진 크림성(부드럽게 하는 성질)을 잃어버릴 수 있으니 주의하세요.

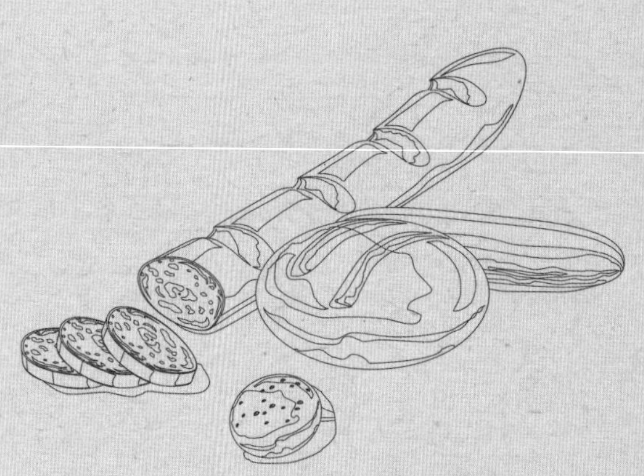

가루 재료는 꼭 체 쳐 사용하세요

가루 종류의 재료를 체 치지 않고 그대로 반죽에 넣어 사용하면 보관 중 습기를 흡수해 뭉친 가루가 구웠을 때 알갱이로 씹힐 수 있어요. 또한 준비한 가루 재료들을 체 치는 과정에서 재료들이 섞이기 때문에 반죽을 할 때 빠르게 골고루 섞을 수 있어요. 미리 체 쳐 놓은 밀가루는 용기에 담고 꺼내 쓰는 과정에서 다시 덩어리로 뭉칠 수 있기 때문에 모든 가루 재료들은 반죽하기 바로 전에 체 치는 것이 가장 좋아요.

발효는 온도가 가장 중요해요

빵 반죽을 발효시킬 때에는 반죽 안의 온도가 28~30°C로 일정해야 해요. 발효기가 없는 경우 온도를 일정하게 유지하는 것에 특히 신경을 써야 해요. 실내 온도가 낮은 겨울철에는 반죽을 담은 볼에 수건을 덮어 따뜻한 바닥(또는 전기장판 위)에 두어 온도를 일정하게 유지하거나, 뜨거운 물이 담긴 밀폐된 용기 위에 반죽을 담은 볼을 놓고 수건을 씌워 온도를 일정하게 유지할 수 있어요. 발효할 때는 반죽을 볼에 담고 랩이나 비닐을 씌워야 반죽이 마르지 않으니 주의하세요.

반죽을 손가락으로 꾹 눌러 발효의 정도를 가늠해 보세요

발효 시간은 그날의 온도와 습도에 따라 달라지기 때문에 반죽이 처음보다 2~2.5배로 부풀어 올랐을 때 손가락으로 눌러 발효의 정도를 확인해 보세요. 손가락에 밀가루를 묻히고 반죽을 눌렀다가 떼었을 때 반죽이 따라오면 발효가 덜 된 것이고, 반죽이 눌린 채 그대로 있으면 발효가 완료된 것이니 참고하세요.

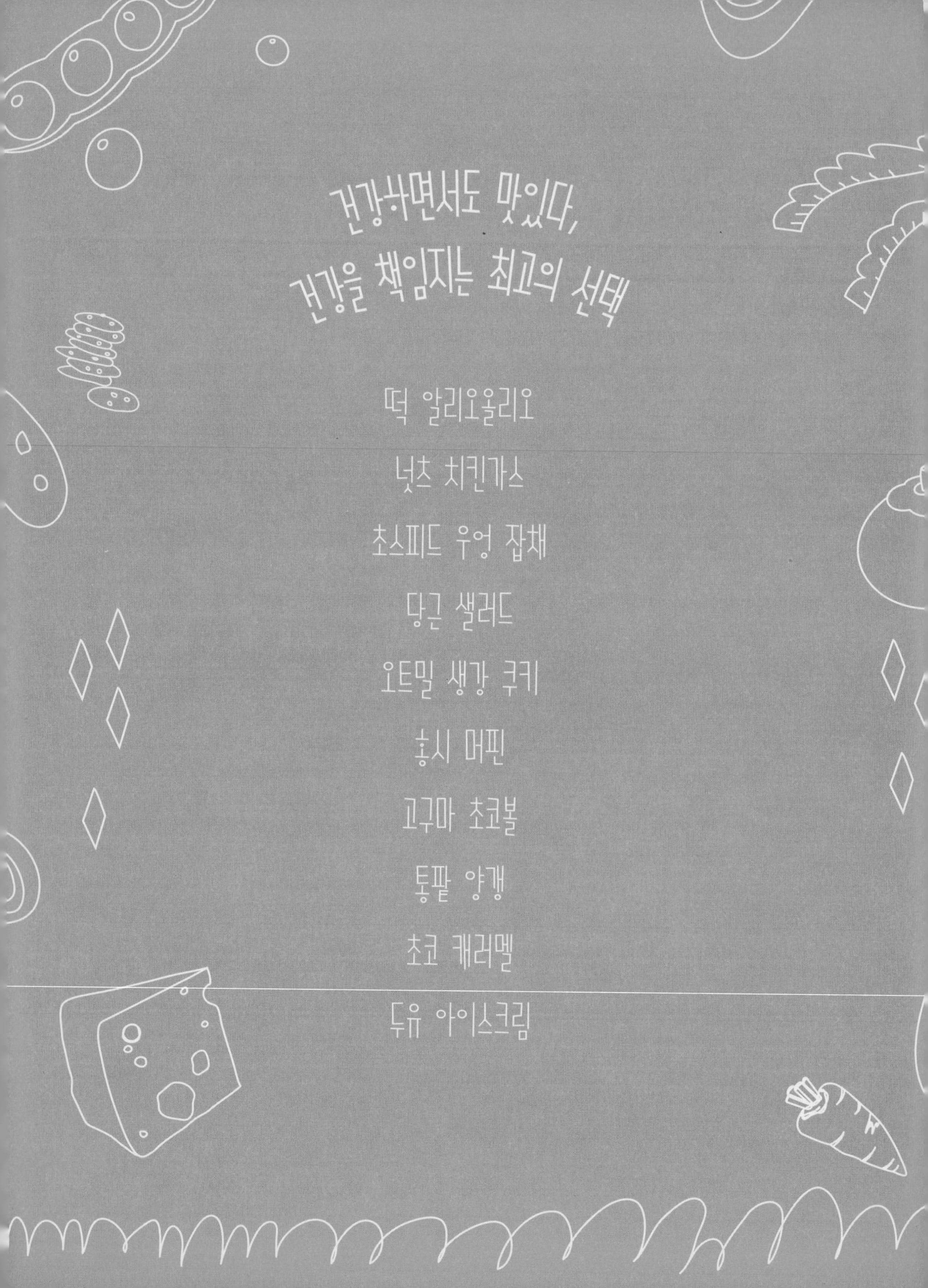

건강하면서도 맛있다, 건강을 책임지는 최고의 선택

떡 알리오올리오

넛츠 치킨가스

초스피드 우엉 잡채

당근 샐러드

오트밀 생강 쿠키

홍시 머핀

고구마 초코볼

통팥 양갱

초코 캐러멜

두유 아이스크림

Part 1.

요리연구가 김민지의

자연식 레시피

미코유 | totos1207.blog.me

어릴 적부터 요리가 좋아 맛있는 요리를 찾아 다니며 먹고 만들다 보니, 어느덧 취미를 직업으로 삼게 되었다. 자연식 요리에 관심이 많고, 특히 좋은 재료로 만드는 건강한 베이킹을 선호한다. KBS 생생정보통 〈달콤살벌 음식남녀〉를 진행하며 많은 사랑을 받았다. 저서로는『일주일이 행복한 만원 레시피』,『미코유의 채식 베이킹』이 있으며, 카페 브런치 e-book 및 어플을 출시하기도 했다. 수많은 방송출연과 요리대회 수상 경력이 있으며 백화점과 쿠킹 클래스에서도 강의를 하며 바쁜 나날을 보내고 있다.

★★☆ | 30MIN | | 50%

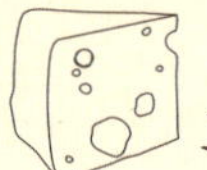

그라나 파다노 치즈를 뿌려 더 맛있는

떡 알리오올리오

INGREDIENT

견과류 ·················· 28g
가래떡 ·················· 1줄
마늘 ····················· 4톨
페페론치니 ·············· 2개
올리브유 ················ 1큰술
그라나 파다노 치즈 적당량
소금 약간
후춧가루 약간

HOW TO MAKE

1. 견과류는 잘게 다지고, 가래떡은 한 입 크기로 썰어 둔다.
2. 마늘은 얇게 편으로 썰고, 페페론치니는 다져 준비한다.
3. 달궈진 팬에 올리브유를 두르고 마늘과 페페론치니를 타지 않게 중간 불에서 볶아 준다.
4. 떡을 넣고 앞뒤로 노릇하게 굽는다.
5. 소금과 후춧가루로 간을 한 후 견과류를 넣고 다시 가볍게 볶아 준다.
6. 접시에 담고 그라나 파다노 치즈를 곱게 갈아 뿌려 마무리한다.

TIP
- 페페론치니가 없는 경우, 청양고추나 건고추를 사용하세요.
- 취향에 따라 그라나 파다노 치즈 대신 파르메산 치즈가루를 사용해도 좋아요.

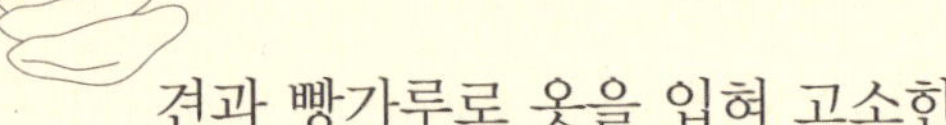

★★☆ | 45MIN | 50%

견과 빵가루로 옷을 입혀 고소한

넛츠 치킨가스

INGREDIENT

견과류 ·················· 28g
닭가슴살 ············· 1덩이
식빵 ···················· 1장
식용유 ··············· 1큰술
소금 약간
후춧가루 약간

SEASONING

마요네즈 ············ 2큰술
연겨자 ·············· 1큰술
설탕 ·············· 1작은술
파프리카 시즈닝 ·· ½작은술

1

2

3

4

5

HOW TO MAKE

1. 닭가슴살은 세로로 길게 썰어 소금, 후춧가루로 밑간한다.
2. 믹서에 식빵과 견과류를 넣고 곱게 갈아 빵가루를 만들어 준다.
3. 볼에 양념 재료를 모두 넣어 섞고 닭가슴살에 골고루 묻혀 준다.
4. 빵가루를 골고루 묻혀 준다.
5. 오븐 팬에 유산지를 깔고 식용유를 얇게 바른 후 닭가슴살을 올려 준다.
6. 180°C로 예열된 오븐에서 25분간 굽는다.

TIP
- 식빵 대신 시판 빵가루에 견과류를 곱게 갈아 섞어 사용해도 좋아요.
- 빵가루에 시리얼을 빻아 섞으면 더 바삭한 치킨가스를 만들 수 있어요.
- 파프리카 시즈닝이 없다면 고운 고춧가루를 사용하세요.

★★☆ | 30MIN | | 50%

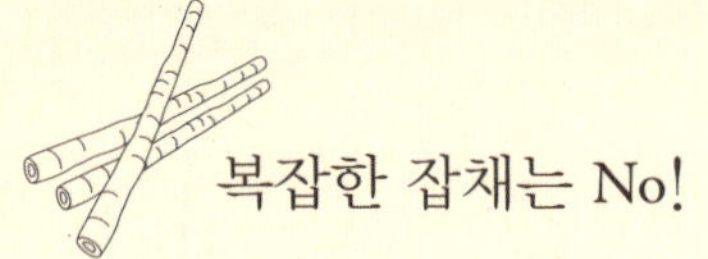

복잡한 잡채는 No!

초스피드 우엉 잡채

INGREDIENT

견과류 ················· 28g
우엉 ················· 200g
당면 ················· 100g
홍고추 ················· 1개
풋고추 ················· 1개
마늘 ················· 3톨
식용유 적당량
통깨 약간

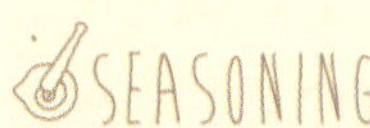

SEASONING

간장 ················· 2큰술
물엿 ················· 1큰술
참기름 ················· 1큰술
설탕 ················· 1작은술

HOW TO MAKE

1. 당면을 끓는 물에 약 4분간 삶아 준다.
2. 우엉, 홍고추, 풋고추는 얇게 채 썰고, 마늘은 편으로 썬다.
3. 달궈진 팬에 기름을 두르고 마늘을 볶다가 우엉을 넣고 강한 불에서 익을 때까지 볶아 준다.
4. 중간 불로 줄인 후 고추를 넣고 다시 볶는다.
5. 당면과 양념 재료를 모두 넣고 골고루 볶아 준다.
6. 견과류를 넣고 한 번 더 볶고 통깨를 뿌려 마무리한다.

TIP 우엉은 덜 익히면 쓴 맛이 나니 강한 불에서 완전히 익을 때까지 충분히 볶아 주세요.

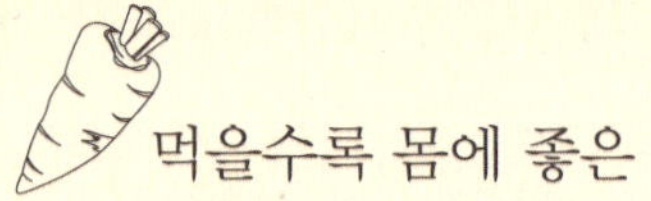

먹을수록 몸에 좋은

당근 샐러드

★☆☆ | 20MIN | | 50%

INGREDIENT

견과류 ················ 28g
당근 ···················· 1개
건포도 ················ 15g

DRESSING

올리브유 ············ 2큰술
식초 ················· 1큰술
꿀(또는 올리고당) ····· ½큰술
소금 약간
후춧가루 약간

2

3

4

HOW TO MAKE

1. 견과류와 건포도는 잘게 다진다.
2. 당근은 가늘게 채 썬다.
3. 당근과 드레싱 재료를 골고루 섞어 준다.
4. 견과류, 건포도를 넣고 가볍게 섞어 마무리한다.

TIP 사과를 채 썰어 넣으면 당근과 잘 어울리는 상큼한 샐러드를 만들 수 있어요.

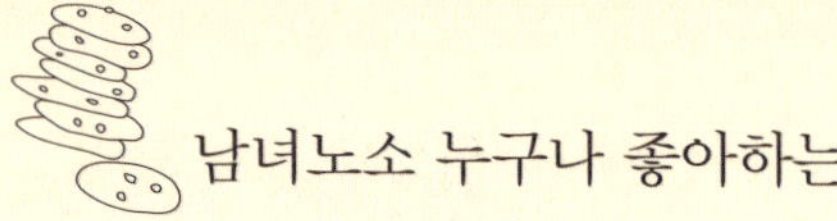

남녀노소 누구나 좋아하는

오트밀 생강 쿠키

INGREDIENT

견과류 ················ 28g
오트밀 ················ 130g
박력분 ················ 60g
설탕 ················ 60g
카놀라유 ················ 45g
물 ················ 15g
생강가루 ················ 2g
소금 약간

HOW TO MAKE

1. 견과류는 잘게 다지고, 오트밀은 믹서에 곱게 갈아 준다.
2. 오트밀, 박력분, 생강가루, 설탕, 소금은 체 쳐 섞어 준다.
3. 카놀라유를 넣고 손으로 비벼가며 빠르게 반죽한다.
4. 물을 넣고 한 덩어리로 뭉쳐지게 반죽한 후 견과류를 넣고 다시 반죽한다.
5. 오븐 팬에 유산지를 깔고 반죽을 적당한 크기로 모양내 올린다.
6. 160°C로 예열된 오븐에서 25분간 굽는다.

TIP 생강가루가 없는 경우 생강을 직접 갈아 사용하세요.

★★☆ | 40MIN | | 50%

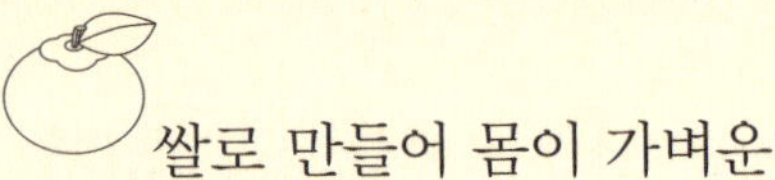

쌀로 만들어 몸이 가벼운

홍시 머핀

INGREDIENT

견과류 ················ 28g
곶감 ···················· 2개
현미 ················· 100g
홍시 ················· 100g
두유 ····················· 75g
유기농 설탕 ··········· 20g
베이킹파우더 ············ 4g
카놀라유 ············ 2큰술
메이플 시럽 ·········· 1큰술
소금 약간

HOW TO MAKE

1. 현미는 믹서에 곱게 갈고, 곶감은 적당한 크기로 잘라 준비한다.
2. 볼에 설탕, 카놀라유, 메이플 시럽, 두유, 홍시를 넣고 설탕 입자가 녹을 때까지 거품기로 저어 준다.
3. 현미가루, 베이킹파우더를 체 쳐 넣고 섞어 준다.
4. 곶감과 견과류를 넣고 다시 가볍게 섞어 준다.
5. 머핀컵에 반죽을 ⅔정도 채운 후 견과류를 올려 준다.
6. 180°C로 예열된 오븐에서 25분간 굽는다.

TIP 현미가루 대신 통밀가루를 사용해도 좋아요.

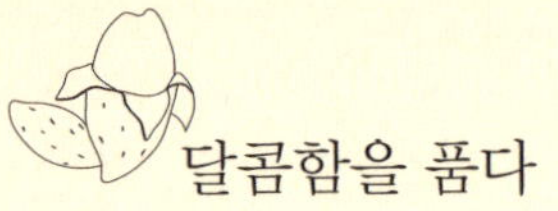

★★☆ | 1HOUR 10MIN | | 100%

달콤함을 품다

고구마 초코볼

2

3

4

5

INGREDIENT

견과류 ······ 56g
고구마 ······ 1개
다크 초콜릿 ······ 80g
꿀 ······ 1큰술

HOW TO MAKE

1. 견과류는 잘게 다져 준비한다.
2. 고구마는 삶은 후 식기 전에 으깨 꿀과 섞어 둥글게 빚어 준다.
3. 초콜릿은 중탕하거나 전자레인지에 30초씩 4~5번 돌려 녹인다.
4. 둥글게 빚은 고구마를 초콜릿에 굴려 준다.
5. 다진 견과류에 굴려 마무리한다.

TIP 고구마를 으깰 때 계핏가루를 약간 넣어 주면 고구마의 달콤함과 계핏가루의 쌉싸름한 맛이 잘 어울린답니다.

★★★ | 1HOUR 10MIN | | 50%

01

달지 않아 더 맛있는

통팥 양갱

INGREDIENT

견과류 ··················· 28g
팥 앙금 ··············· 200g
물 ······················ 100g
한천가루 ················ 3g
설탕 약간

FILLING

통팥 ···················· 350g
황설탕 ················ 170g
올리고당 ············ 100g
소금 ················ ½작은술

[팥 앙금 만드는 법]

1. 통팥은 물에 담가 반나절 이상 불려 준다.

2. 냄비에 불린 통팥과 통팥이 잠길 정도의 물을 넣고 끓여 준다.

3. 물이 끓으면 처음 물은 버리고 통팥이 잠길 정도로 다시 물을 넣고 중간 불에서 50분간 졸인다.

4. 설탕, 올리고당, 소금을 넣어 간을 맞춘다.

5. 눌러 붙지 않게 주걱으로 저어 주면서 걸쭉하게 졸인다.

Tip)
- 통팥을 처음 끓인 물로 졸이면 쓴 맛이 날 수 있으니 반드시 두 번째 끓인 물을 사용하세요.
- 취향에 맞게 설탕을 가감하세요.
- 젤리 같은 제형을 원할 경우에는 젤라틴 4g을 넣어 주세요.

HOW TO MAKE

1. 냄비에 물과 한천가루를 넣고 중간 불에서 저어 가며 한천가루가 녹을 때까지 끓여 준다.
2. 팥 앙금과 설탕을 넣고 걸쭉해질 때까지 끓여 준다.
3. 견과류를 넣고 섞는다.
4. 사각틀에 담아 실온에서 한 김 식힌 후 냉장고에서 1시간 정도 굳힌다.

TIP 시판 팥 앙금은 설탕이 함유된 것이니 설탕 넣는 것을 생략해도 좋아요.

★★☆ | 1HOUR 15MIN | 50%

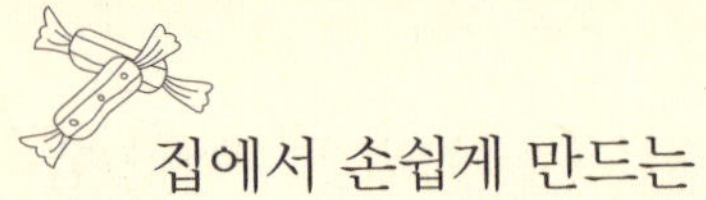

집에서 손쉽게 만드는

초코 캐러멜

INGREDIENT

견과류 ·················· 28g
생크림 ················ 100g
설탕 ···················· 90g
다크 초콜릿 ············ 70g
럼주 ················ 1작은술

3

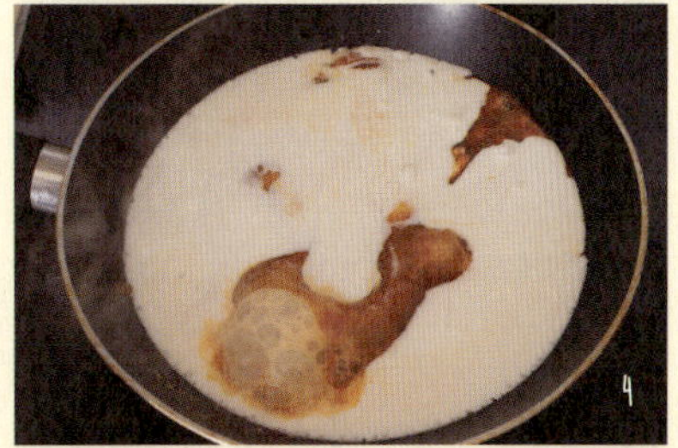
4

5

6

HOW TO MAKE

1. 견과류는 잘게 다져 준비한다.
2. 다크 초콜릿은 중탕하거나 전자레인지에서 30초씩 4~5번 반복해 돌려 녹여 준다.
3. 팬에 설탕을 넣고 중간 불에서 젓지 않고 그대로 녹인다.
4. 설탕이 절반 이상 녹고 갈색으로 변하면 생크림을 넣어 걸쭉해질 때까지 저으면서 끓인다.
5. 불을 끈 후 다크 초콜릿, 럼주, 견과류를 넣고 섞어 준다.
6. 유산지나 두꺼운 비닐을 깐 사각틀에 초콜릿을 붓고 한 김 식힌 후 뚜껑을 덮고 냉장고에서 1시간 이상 굳혀 준다.
7. 굳은 캐러멜을 한 입 크기로 잘라 마무리한다.

TIP 캐러멜을 냉장고에서 굳힐 경우 냉장고 속 음식 냄새가 초콜릿에 흡수 될 수 있으니 반드시 뚜껑을 덮은 후 굳혀 주세요.

★★☆ | 2HOUR 10MIN | | 50%

비린 맛은 없애고 고소함만 담은

두유 아이스크림

INGREDIENT

견과류 ······ 28g
두유 ······ 300g
땅콩버터 ······ 70g
유기농 설탕 ······ 40g
아가베 시럽 ······ 2큰술
(또는 메이플 시럽이나 꿀)

HOW TO MAKE

1. 견과류는 잘게 다져 준비한다.
2. 땅콩버터, 설탕, 아가베 시럽을 섞어 준다.
3. 두유를 3~4번 나눠 넣으며 섞어 준다.
4. 견과류를 넣고 다시 섞어 냉동실에서 얼린다.
5. 냉동실에서 20~30분마다 꺼내 포크로 긁어 공기가 들어갈 공간을 만들어 부드럽게 한다.
6. 완성된 아이스크림 위에 다진 견과류로 장식해 마무리한다.

TIP 무첨가 두유를 사용하면 좀 더 깔끔하고 담백한 맛을 낼 수 있어요.

복잡하고 어려운 요리를
쉽고 빠르게 '재탄생'시키다

견과 갈비찜

매콤 닭강정

닭꼬치 구이

조청 송편 강정

애호박 마늘종 볶음

냉 파스타 샐러드

견과 비스킷

허니 레몬 견과

Part 2.

푸드 칼럼니스트 Food Columnist 이재건의

초간단 레시피

미상유 | misangu.kr

감성을 울리는 사진을 찍고, 글을 쓰고, 요리하는 푸드 칼럼니스트 겸 사진 작가. 『아빠가 차려주는 밥상』, 『The Red: 나를 유혹하는 매운 요리』 등 다수의 요리책 출간 및 어플을 출시했다. '포프리 요리왕 선발대회 왕중왕전' 1위 등 화려한 수상 경력이 있고, 각종 매체에 요리에 관한 칼럼을 기고하고 있다. 김민지(미코유)와 함께 KBS 생생정보통 〈달콤살벌 음식남녀〉를 진행하며 많은 사랑을 받았다.

★★☆ | 1HOUR 10MIN | 50%

국물까지 맛있는

견과 갈비찜

INGREDIENT

쇠갈비 ··············· 500g
무 ··················· 200g
감자 ················· 2개
양파 ················· 1개
당근 ················· 1개
대파 ················· 1뿌리
홍고추 ··············· 1개
청양고추 ············· 1개
물 ··················· 50g

SEASONING

견과류 ··············· 56g
마늘 ················· 5톨
생강 ················· 1톨
간장 ················· ½컵
물 ··················· ¼컵
청주 ················· ¼컵
다진 파 ·············· 3큰술
설탕 ················· 1큰술
꿀(또는 올리고당) ····· 1큰술
소금 약간
후춧가루 약간

4

5

6

HOW TO MAKE

1. 견과류는 큼직하게 다지고, 쇠갈비는 찬물에 1~2시간 담가 핏물을 빼준다.
2. 감자, 양파, 당근, 무는 큼직하게 썰어 돌려 깎고 대파, 홍고추, 청양고추는 어슷 썰어 준비한다.
3. 믹서에 양념 재료를 모두 넣고 곱게 갈아 준다.
4. 끓는 물에 쇠갈비를 넣고 5분간 끓인 후 고기를 건져 칼집을 낸다.
5. 냄비에 물, 쇠갈비, 곱게 간 양념, 대파를 넣고 중간 불에서 30분간 끓인다.
6. 감자, 양파, 당근, 무를 넣고 익을 때까지 뚜껑을 닫고 20~30분간 푹 끓여 준다.
7. 견과류, 홍고추, 청양고추를 넣어 마무리한다.

TIP
• 진한 국물을 원할 경우 뚜껑을 열고 국물이 자작해질 때까지 졸여 주세요.
• 물 대신 찬물에 우린 다시마 물을 사용하면 더 깊은 맛을 낼 수 있어요.

★★☆ | 50MIN | ☺☺ | 50%

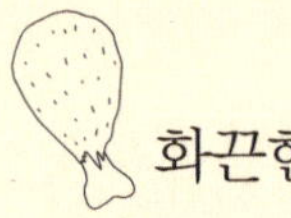

화끈한 맛이 일품인

매콤 닭강정

INGREDIENT

- 견과류 ······ 28g
- 닭봉 ······ 8개
- 청양고추 ······ 1개
- 찹쌀가루 ······ 60g
- 전분 ······ 4큰술
- 식용유 ······ 1큰술

SEASONING

- 청주 ······ 1큰술
- 다진 마늘 ······ 1큰술
- 간장 ······ 1큰술
- 다진 생강 ······ 1작은술
- 후춧가루 약간

SOURCE

- 청주 ······ 4큰술
- 설탕 ······ 2큰술
- 꿀(또는 올리고당) ······ 2큰술
- 간장 ······ 2큰술
- 고추기름 ······ 1큰술
(또는 고추씨기름)

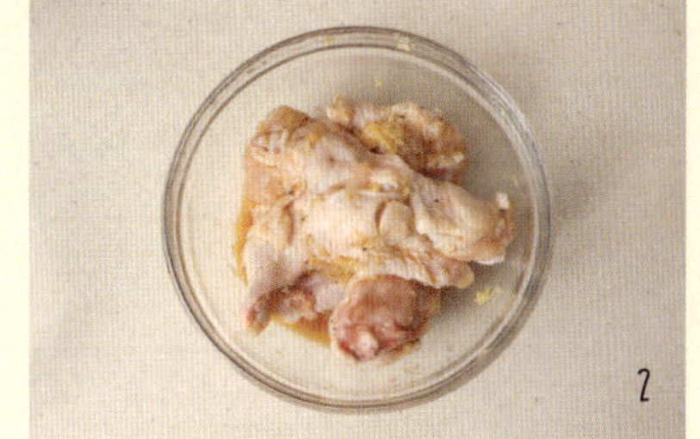
2

3

4

5

6

HOW TO MAKE

1. 청양고추는 어슷 썰어 준비한다.
2. 닭봉은 살에 칼집을 낸 후 볼에 담아 양념 재료와 함께 버무려 준다.
3. 찹쌀가루와 전분을 넣고 골고루 묻혀 준다.
4. 오븐 팬에 유산지를 깔고 식용유를 얇게 발라 닭봉을 올리고 180°C로 예열된 오븐에서 20분간 굽는다.
5. 달궈진 팬에 소스 재료를 모두 넣고 끓여 준다.
6. 구운 닭가슴살과 청양고추, 견과류를 넣고 골고루 볶아 마무리한다.

- 찹쌀가루나 전분가루가 없는 경우에는 밀가루를 살짝 입혀 주세요.
- 고추기름이 없는 경우에는 식용유와 고춧가루를 2:1 비율로 섞어 약한 불에서 볶은 후 사용하면 좋아요.

★★☆ | 30MIN | ☺☺ | 50%

달콤한 데리야끼 소스로 맛을 낸

닭꼬치 구이

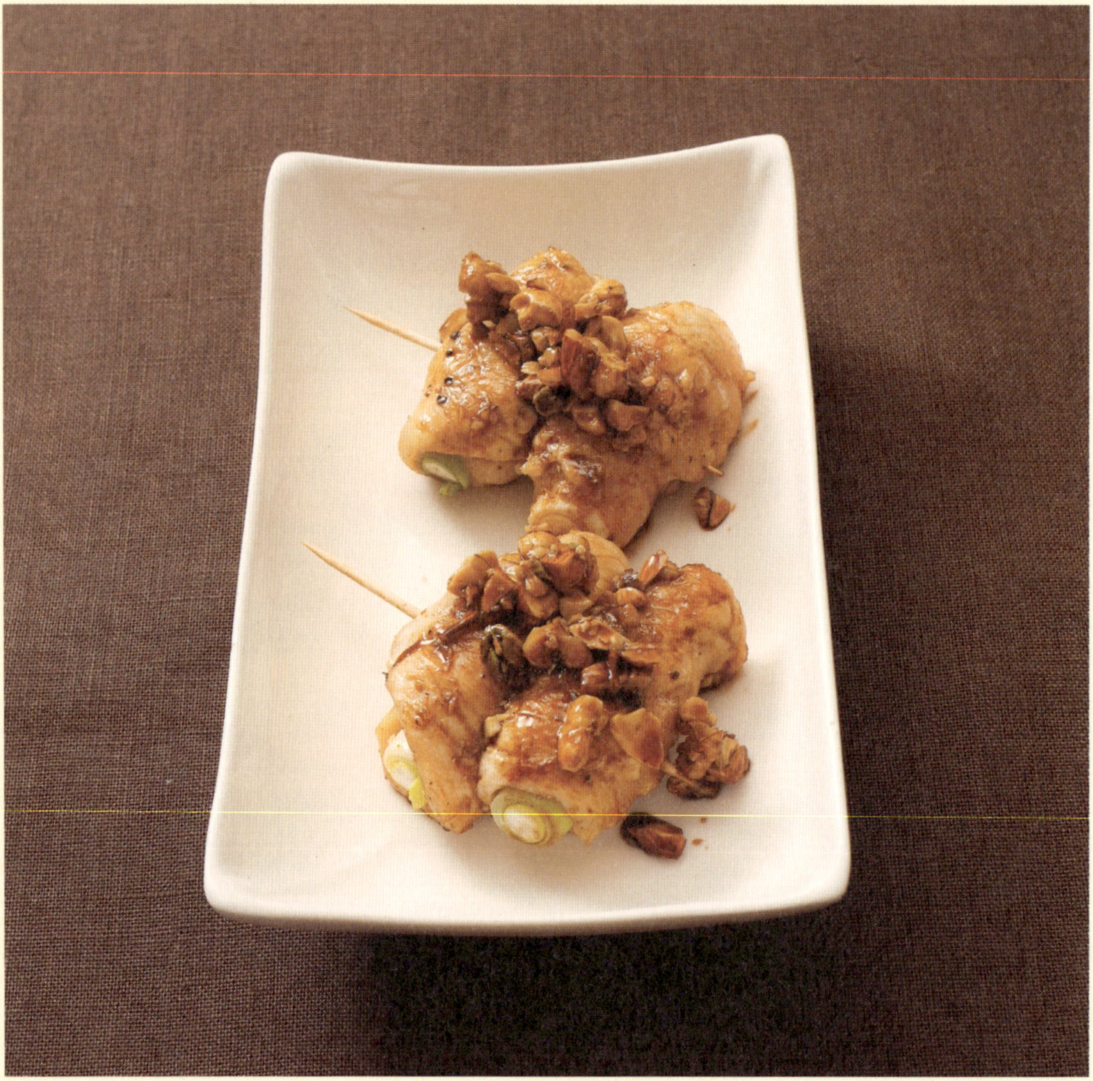

INGREDIENT

견과류 ················ 28g
닭가슴살 ············ 1덩이
대파 ················ 1뿌리
식용유 적당량
소금 약간
후춧가루 약간

SEASONING

물 ···················· 4큰술
간장 ················ 3큰술
맛술(또는 청주) ······· 2큰술
설탕 ················ ½큰술
물엿 ················ ½큰술
생강즙 ············ 1작은술

HOW TO MAKE

1. 대파는 줄기 부분을 5cm 정도로 썰어 준비한다.
2. 닭가슴살은 얇게 4장으로 떠서 소금, 후춧가루로 밑간한다.
3. 닭가슴살 안에 대파를 넣고 돌돌 말아 꼬치에 끼운다.
4. 팬에 기름을 두르고 강한 불에서 닭꼬치의 앞뒤 겉면만 익혀 준다.
5. 중간 불로 줄인 후 속까지 익혀 준다.
6. 닭꼬치를 구운 팬에 양념 재료를 모두 넣고 끓여 준다.
7. 구운 닭꼬치를 넣어 조린 후 견과류를 넣고 살짝 섞어 준다.

TIP 취향에 따라 대파 대신 아스파라거스를 사용해도 좋아요.

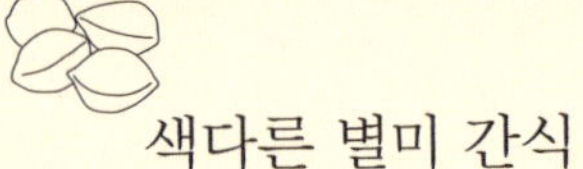

★☆☆ | 20MIN | | 50%

색다른 별미 간식

조청 송편 강정

INGREDIENT

견과류 ·················· 28g
송편 ······················ 6개
식용유 적당량

SOURCE

조청(또는 물엿) ········ 3큰술
물 ······················ 3큰술
소금 약간

HOW TO MAKE

1. 견과류는 큼직하게 다져 팬에서 살짝 굽는다.
2. 기름을 두른 팬에 송편을 앞뒤로 노릇하게 굽는다.
3. 팬에 소스 재료를 넣고 끓인다.
4. 송편을 넣고 살짝 조린 후 견과류를 섞어 마무리한다.

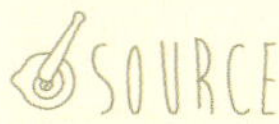

TIP
- 집에 남아 있는 각종 떡을 사용하세요.
- 매콤한 떡 강정을 원할 경우, 소스를 만들 때 고추장 1작은술을 추가하세요.

★☆☆ | 20MIN | | 50%

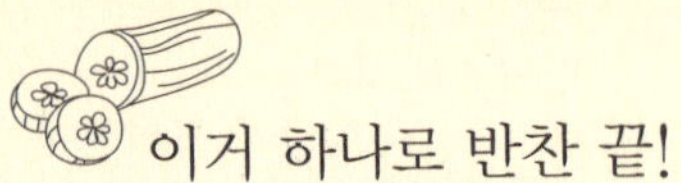

이거 하나로 반찬 끝!

애호박 마늘종 볶음

INGREDIENT

견과류 ·················· 28g
애호박 ················· ½개
마늘종 ··············· 3줄기
마늘 ···················· 5톨
식용유 적당량 ······· 1큰술
소금 약간
후춧가루 약간

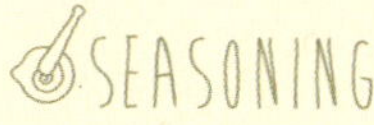

SEASONING

다시마 우린 물 ······ 2큰술
(또는 물)
굴소스 ············ 1작은술
설탕 ·············· 1작은술
올리고당(또는 꿀) ··· 1작은술

HOW TO MAKE

1. 마늘 2톨은 편으로 썰고 3톨은 크게 다져 준비한다.
2. 애호박은 반달 모양으로 썰고, 마늘종은 먹기 좋은 길이로 잘라 준비한다.
3. 기름을 두른 팬에 마늘을 모두 넣고 마늘 향이 올라올 때까지 볶는다.
4. 애호박과 마늘종을 넣고 익을 때까지 볶아 준다.
5. 양념 재료를 모두 넣고 다시 볶다가 견과류, 소금, 후춧가루를 섞어 마무리한다.

TIP
- 청양고추 1개를 어슷하게 썰어 넣으면 매콤한 마늘종을 만들 수 있어요.
- 다시마 물은 다시마를 1시간 동안 찬물에 담가 우려낸 후 사용하세요.

★☆☆ | 20MIN | ☺☺ | 50%

새콤하게 입맛을 돋우는

냉 파스타 샐러드

INGREDIENT

견과류 ················ 28g
레몬 ················ ¼개
파스타 ················ 70g
그라나 파다노 치즈 적당량
소금 약간

SOURCE

케첩 ················ 4큰술
꿀(또는 올리고당) ····· ½큰술
두반장 ············ 1작은술
설탕 ·············· 1작은술
후춧가루 약간

HOW TO MAKE

1. 견과류는 큼직하게 다져 준비한다.
2. 끓는 물에 소금과 파스타를 넣고 8~10분간 삶은 후 찬물에 헹궈 준다.
3. 그릇에 소스 재료를 모두 넣고 섞어 준다.
4. 파스타, 레몬즙, 견과류를 담고 섞은 후 강판에 간 치즈를 뿌려 완성한다.

TIP
- 설탕을 가감해 소스의 단맛을 조절하세요.
- 취향에 따라 다진 마늘, 올리브유, 파슬리가루나 바질을 추가하세요.

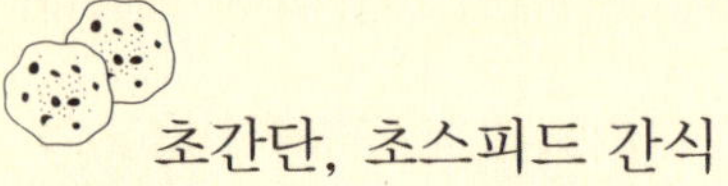

★☆☆ | 20MIN | | 100%

초간단, 초스피드 간식

견과 비스킷

INGREDIENT

견과류 ·················· 56g
달걀 흰자 ·········· 1개 분량
설탕 ···················· 2큰술
통밀가루 ············ 1큰술
(혹은 일반 밀가루)
계핏가루 ·········· ⅓작은술

HOW TO MAKE

1. 견과류는 잘게 다져 준비한다.
2. 볼에 달걀 흰자와 설탕을 넣고 설탕 입자가 녹을 때까지 거품기로 저어 준다.
3. 통밀가루와 계핏가루를 넣고 섞어 준다.
4. 견과류를 넣고 다시 섞어 준다.
5. 오븐 팬에 유산지를 깔고 반죽을 적당한 크기로 모양내 올린다.
6. 170°C로 예열된 오븐에서 10분간 굽는다.

TIP 초콜릿 칩을 넣어 달콤한 비스킷으로도 만들 수 있어요.

★☆☆ | 1HOUR | 100%

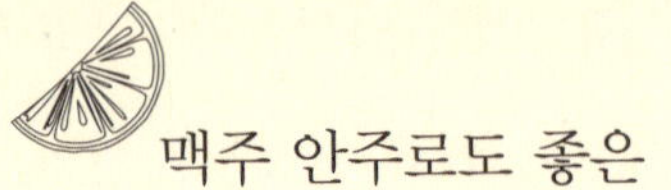

맥주 안주로도 좋은

허니 레몬 견과

INGREDIENT

견과류 ················ 56g
설탕 ················ 3큰술
꿀 ···················· 1큰술
레몬 제스트 ·········· 1큰술
물 ···················· ½큰술
올리브유 ·········· 1작은술
소금 약간

HOW TO MAKE

1. 팬에 올리브유, 물, 꿀을 넣고 끓인다.
2. 견과류를 넣고 살짝 볶아 준다.
3. 레몬 제스트, 설탕, 소금을 넣고 다시 볶는다.
4. 걸쭉해질 때까지 볶은 후 접시나 유산지 위에 올리고 서늘한 곳에서 식혀 완성한다.

TIP 4번 과정에서 물기가 남아 있게 볶으면 캐러멜 같이 쫀득하게, 물기가 없어질 때까지 볶으면 사탕 같이 바삭하게 완성됩니다.

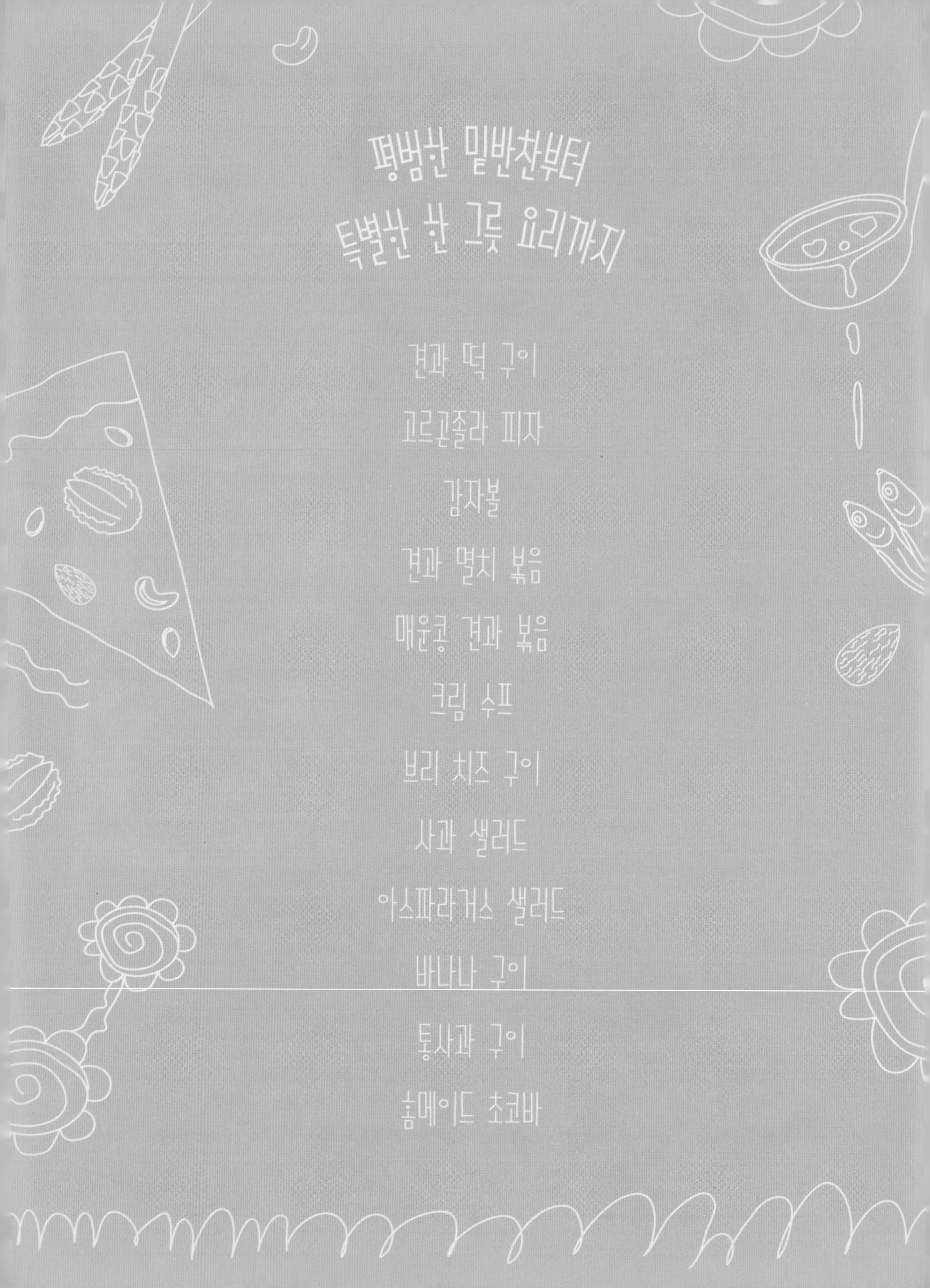

평범한 밑반찬부터 특별한 한 그릇 요리까지

견과 떡 구이

고르곤졸라 피자

감자볼

견과 멸치 볶음

매운콩 견과 볶음

크림 수프

브리 치즈 구이

사과 샐러드

아스파라거스 샐러드

바나나 구이

통사과 구이

홈메이드 초코바

Part 3.

푸드 스타일리스트 Food Stylist 김은지의

먹을수록 행복한 레시피

나이스EJ | blog.naver.com/eueueunji

요리를 전공하지는 않았지만 전공자 빰치는 실력으로 무장한 요리 고수. 『역전 야매요리』 전권 푸드 스타일리스트 경력이 있는 그녀는 저칼로리 요리에 관심이 많다. 현재 블로그에 'EJ의 다이어트 레시피', '저칼로리 베이킹 레시피'를 연재해 수많은 다이어터들의 관심을 한 몸에 받고 있다.

★☆☆ | 20MIN | 2인분 | 50%

쫄깃한 떡이 한 입에 쏙

견과 떡 구이

INGREDIENT

견과류 ··················· 28g
가래떡 ················· 300g
올리고당 ·············· 2큰술
설탕 ····················· 1큰술
버터 ···················· 1큰술
검은깨 ·············· ½작은술
계핏가루 ············ ½작은술

2

3

4

HOW TO MAKE

1. 떡은 먹기 좋은 크기로 썰어 버터를 두른 팬에 굽는다.
2. 떡이 노릇해지면 올리고당, 설탕을 넣고 볶는다.
3. 설탕이 녹기 시작하면 견과류를 넣고 한 번 더 볶아 준다.
4. 불을 끄고 계핏가루, 검은깨를 섞어 마무리한다.

★☆☆ | 30MIN | ☺ | 100%

토르티아로 만드는 바삭한 피자

고르곤졸라 피자

INGREDIENT

- 견과류 ··················· 28g
- 토르티아(8인치) ·········· 2장
- 모차렐라 치즈 ·········· 100g
- 고르곤졸라 치즈 ········· 30g
- 꿀 ······················ 2큰술
- 다진 마늘 ·············· 1큰술
- 올리브유 ··············· 1큰술

HOW TO MAKE

1. 토르티아 표면에 올리브유를 발라 준다.
2. 다진 마늘과 꿀을 섞어 토르티아 위에 다시 발라 준다.
3. 모차렐라 치즈 절반을 토르티아 위에 뿌린다.
4. 토르티아 한 장을 올리고 올리브유를 얇게 발라 준다.
5. 남은 모차렐라 치즈와 고르곤졸라 치즈를 토르티아 위에 뿌린다.
6. 견과류를 굵게 다져 뿌린다.
7. 180°C로 예열된 오븐에서 윗면이 노릇해질 때까지 15분간 굽는다.

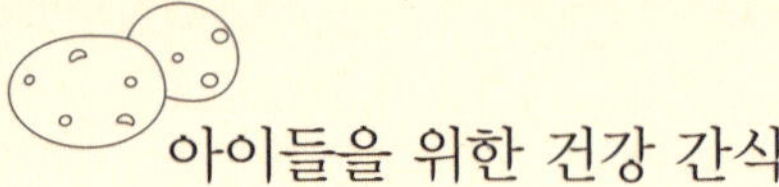

★★☆ | 1HOUR 10MIN | | 100%

아이들을 위한 건강 간식

감자볼

INGREDIENT

견과류 ··············· 56g
감자 ················· 2개
양파 ··············· ¼개
당근 ················ 45g
빵가루 ·············· 45g
밀가루 ·············· 45g
달걀 ················· 1개
마요네즈 ·········· 2큰술
소금 ············ ⅛작은술
후춧가루 ········ ⅛작은술
식용유 적당량

HOW TO MAKE

1. 견과류는 잘게 다지고, 감자는 삶아 껍질을 벗겨 준비한다.
2. 당근과 양파는 잘게 다져 기름을 두른 팬에서 볶는다.
3. 볼에 삶은 감자, 다진 견과류 절반, 볶은 당근과 양파, 마요네즈, 후춧가루, 소금을 섞어 반죽을 만든다.
4. 잘게 다진 나머지 견과류는 빵가루와 섞고, 달걀은 풀어서 준비해 둔다.
5. 반죽은 둥글게 빚어 밀가루, 달걀, 빵가루 순으로 묻혀 준다.
6. 170°C로 예열한 기름에서 겉면이 노릇한 색이 날 때까지만 튀긴다.

TIP 반죽에 들어가는 재료들이 이미 익혀진 상태이기 때문에 겉면이 익을 정도로만(약 3분정도) 튀겨야 식감이 좋아요.

★☆☆ | 20MIN | | 37.5%

멸치와 견과가 만나 두 배로 고소한

견과 멸치 볶음

INGREDIENT

견과류 ················ 56g
풋고추 ················ 1개
멸치 ················ 100g
통깨 ················ ½작은술

SEASONING

식용유 ················ 2큰술
올리고당 ················ 1큰술
설탕 ················ 1큰술
간장 ················ ½큰술

HOW TO MAKE

1. 풋고추는 어슷 썰어 준비한다.
2. 멸치는 마른 팬에서 2~3분간 바삭해질 때까지 볶아 준다.
3. 견과류를 넣고 살짝 볶다가 양념 재료를 모두 넣고 골고루 볶아 준다.
4. 풋고추와 통깨를 넣고 볶아 마무리한다.

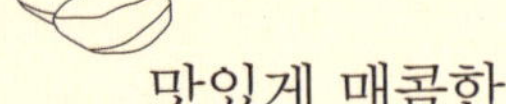

맛있게 매콤한

매운콩 견과 볶음

★☆☆ | 30MIN | ☺☺☺ | 33.3%

INGREDIENT

견과류 ················ 28g
병아리콩(이집트콩) ···· 100g
고춧가루 ··········· 1작은술
다진 마늘 ········· ½작은술
식용유 적당량
소금 약간
후춧가루 약간

HOW TO MAKE

1. 병아리콩은 물에 담가 4시간 정도 불려 준비한다.
2. 불린 병아리콩은 끓는 물에서 20분간 삶아 준다.
3. 식용유를 두른 팬에 다진 마늘을 넣고 살짝 볶다가 고춧가루를 넣고 다시 볶아 준다.
4. 병아리콩을 넣고 양념이 골고루 섞이도록 볶아 준다.
5. 견과를 넣고 섞어 준 후, 소금과 후춧가루로 마무리한다.

★★☆ | 30MIN | | 100%

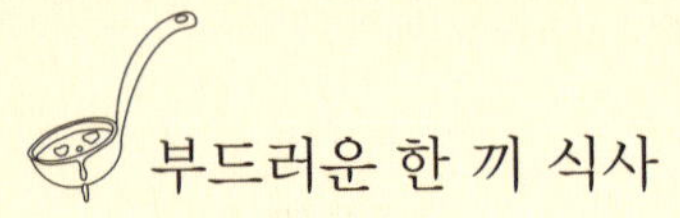

부드러운 한 끼 식사

크림 수프

INGREDIENT

견과류 ·················· 28g
식빵 ···················· 1장
생크림 ············· 100ml
우유 ················ 100ml
버터 ····················· 15g
밀가루 ················· 15g
파슬리가루 ······· ½작은술
올리브유 적당량
소금 약간
후춧가루 약간

HOW TO MAKE

1. 식빵은 적당한 크기로 썰어 올리브유를 두른 팬에서 노릇하게 굽고, 파슬리가루를 뿌린다.
2. 믹서에 생크림, 견과류를 넣고 견과류가 씹힐 정도로만 갈아 준다.
3. 냄비에 버터가 연한 갈색이 될 때까지 녹인 후 밀가루를 넣고 타지 않게 저으면서 볶아 준다.
4. 우유를 넣고 섞으면서 끓여 준다.
5. ❸을 넣고 한 번 더 끓여 준다.
6. 소금과 후추로 간을 하고, ❶을 올려 마무리한다.

TIP 버터에 밀가루를 넣고 볶을 때 충분히 볶지 않으면 밀가루 특유의 비린내가 날 수 있으니, 타지 않게 잘 저으면서 충분히 볶아 주세요.

★☆☆ | 30MIN | | 100%

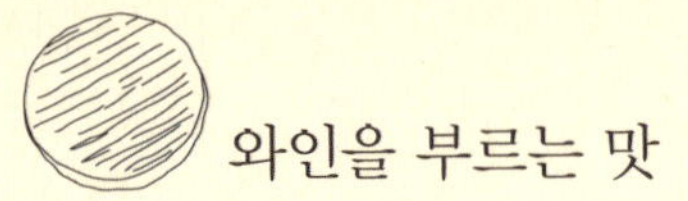

와인을 부르는 맛

브리 치즈 구이

INGREDIENT

견과류 ················· 28g
브리 치즈 ············ 100g
건크랜베리 ·············· 8g
건포도 ·················· 8g
꿀 ····················· 2큰술

HOW TO MAKE

1. 견과류와 꿀을 섞어 준비한다.
2. 브리 치즈는 포크로 깊게 구멍을 낸다.
3. 오븐 팬에 브리 치즈를 올리고 건크랜베리와 건포도를 올려 준다.
4. ❶ 을 올리고 170°C 로 예열된 오븐에서 20분간 굽는다.

TIP 브리 치즈가 덩어리째 요리되기 때문에, 오븐에 넣기 전 반드시 포크로 충분히 구멍을 내어 치즈가 터지는 것을 막아 주세요. 치즈에 구멍을 내면 속까지 열이 전달되어 골고루 익는데도 도움이 된답니다.

★☆☆ | 15MIN | | 50%

상큼함과 새콤함의 조화

사과 샐러드

INGREDIENT

견과류 ………………… 28g
샐러드용 채소 ……… 200g
사과 …………………… ½개
레몬 …………………… ⅓개
파르메산 치즈가루 적당량

DRESSING

올리브유 …………… 1큰술
발사믹 식초 ………… 1큰술
소금 약간
후춧가루 약간

HOW TO MAKE

1. 사과와 레몬은 한 입 크기로 썰어 준다.
2. 샐러드용 채소는 흐르는 물에 씻은 후 적당한 크기로 잘라 체에 받쳐 물기를 제거한다.
3. 드레싱 재료를 골고루 섞어 준다.
4. 그릇에 채소, 사과, 레몬을 보기 좋게 담는다.
5. 드레싱 소스와 견과류, 파르메산 치즈가루를 뿌려 마무리한다.

TIP
- 파르메산 치즈가루는 샐러드를 먹기 직전에 뿌려야 물기를 흡수하지 않아 맛있어요.
- 견과류가 들어간 샐러드에는 올리브유와 발사믹 식초를 섞은 드레싱이 잘 어울린답니다.

★☆☆ | 20MIN | | 50%

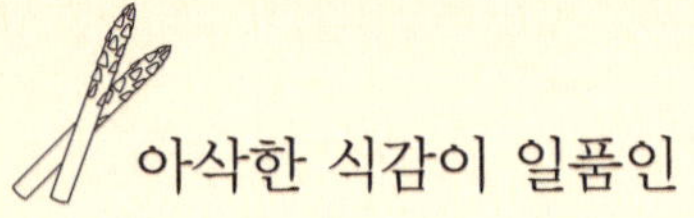

아삭한 식감이 일품인

아스파라거스 샐러드

INGREDIENT

아스파라거스 ·········· 8대
베이컨 ··················· 3줄
래디시 ··················· 2개
마늘 ······················· 5톨
리코타 치즈 ············ 30g
버터 적당량
소금 약간
후춧가루 약간

견과류 ··················· 28g
발사믹 식초··········· 1큰술
올리브유·············· 1큰술
레몬즙················· 1큰술

HOW TO MAKE

1. 견과류는 큼직하게 다져 준비한다.
2. 마늘, 래디시, 베이컨은 먹기 좋은 크기로 얇게 썰어 준다.
3. 아스파라거스는 뿌리 부분 5cm 정도를 제거한 후 깨끗이 씻어 물기를 없애 준다.
4. 버터를 녹인 팬에 아스파라거스를 구워 주면서 소금과 후춧가루로 간을 한다.
5. 팬에 베이컨을 굽는다.
6. 베이컨을 구워 생긴 기름에 마늘을 굽는다.
7. 드레싱 재료를 모두 섞어 준비한다.
8. 아스파라거스 위에 베이컨과 마늘, 래디시와 리코타 치즈를 올리고 드레싱을 뿌려 마무리한다.

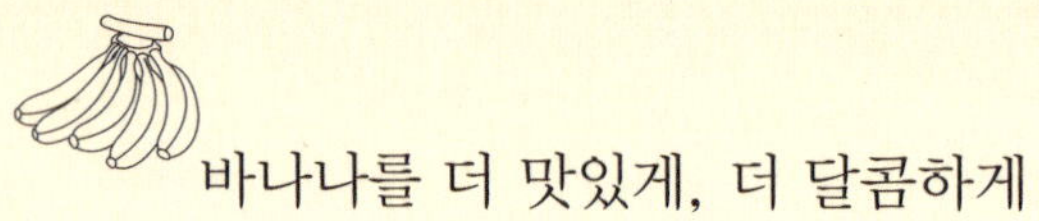

★★☆ | 35MIN | 50%

바나나를 더 맛있게, 더 달콤하게

바나나 구이

INGREDIENT

바나나 ………… 2개
생크림 ………… 100ml
설탕 ………… 15g
계핏가루 ………… ½작은술

SOURCE A

버터 ………… 30g
레몬즙 ………… 2작은술

SOURCE B

견과류 ………… 28g
버터 ………… 30g
설탕 ………… 2큰술
계핏가루 ………… ½작은술

HOW TO MAKE

1. 견과류는 잘게 다져 준비한다.
2. 버터 30g을 전자레인지에 30초 정도 녹인 후 레몬즙을 섞어 소스 A를 만든다.
3. 전자레인지에 30초 정도 녹인 버터 30g에 견과류, 설탕, 계핏가루를 섞어 소스 B를 만든다.
4. 반으로 자른 바나나에 소스 A를 바르고 그 위에 소스 B를 올려 준다.
5. 180°C로 예열된 오븐에서 15분간 굽는다.
6. 볼에 생크림, 계핏가루, 설탕을 넣고 휘핑한 후 구운 바나나 위에 얹어 마무리한다.

★☆☆ | 55MIN | | 50%

사과 한 개의 영양을 통째로

통사과 구이

1

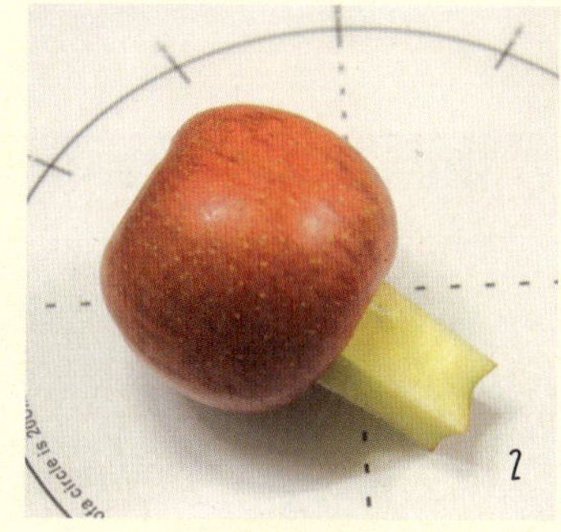
2

3

INGREDIENT

견과류 ················· 28g
사과 ····················· 2개
꿀 ····················· 1큰술

HOW TO MAKE

1. 견과류와 꿀을 섞어 준비한다.
2. 사과는 깨끗이 씻어 가운데 부분을 칼로 깊게 도려낸다.
3. 도려낸 부분에 꿀과 섞은 견과류를 넣어 준다.
4. 170°C로 예열된 오븐에서 50분간 굽는다.

TIP 사과의 윗면만 너무 빨리 익으면 중간에 호일로 사과 윗면을 덮어 골고루 익게 해주세요.

★★☆ | 40MIN | 100%

생크림이 들어가 더 부드러운

홈메이드 초코바

INGREDIENT

견과류 ··············· 140g
생크림 ··············· 200g
코팅용 초콜릿 ······· 160g
설탕 ················· 150g
물엿 ··················· 60g

1. 냄비에 생크림을 넣어 끓기 시작하면 설탕과 물엿을 넣고 저어 가며 끓인다.
2. 색이 짙어질 때까지 한 방향으로 저어 주다가 걸쭉해지면 견과류를 넣고 섞어 준다.
3. 유산지를 깐 틀에 붓고 10~20분간 굳혀 준다.
4. 완전히 굳기 전에 적당한 크기로 잘라 준다.
5. 코팅용 초콜릿을 중탕해 코팅한 후 굳혀 준다.

TIP 초콜릿을 냉장고나 냉동실에서 밀폐되지 않은 상태로 굳히면 다른 음식물의 냄새가 초콜릿에 밸 수 있으니 밀폐된 용기에 담아 굳히거나 실온에서 천천히 굳혀 주세요.

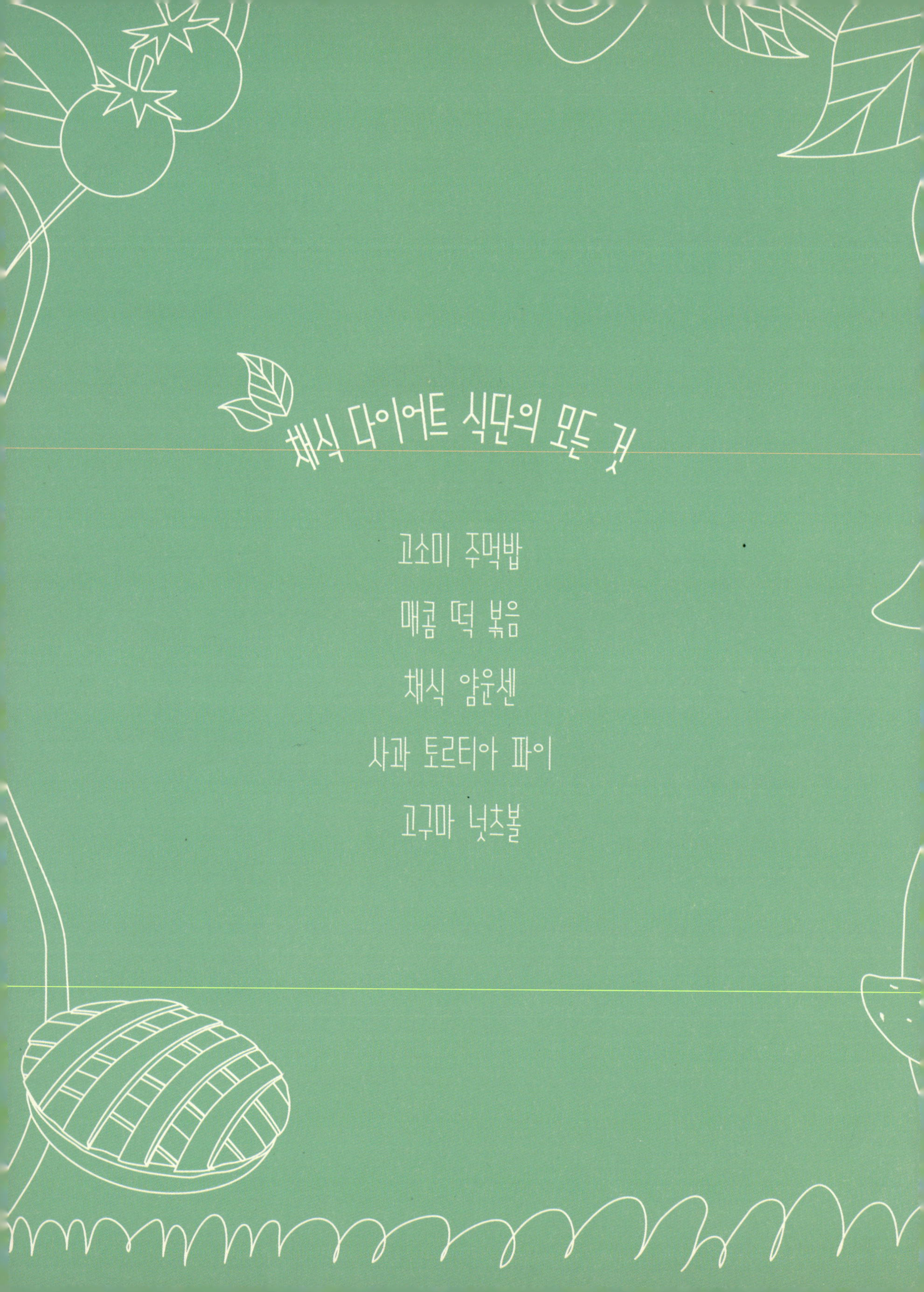

채식 다이어트 식단의 모든 것

고소미 주먹밥

매콤 떡 볶음

채식 얌운센

사과 토르티아 파이

고구마 넛츠볼

Part 4.

다이어터 Dieter 유수연의

시크릿 레시피

작은 나무 | blog.naver.com/city0814

138kg의 초고도 비만에서 무려 60kg이나 감량한 본인만의 노하우를 담은 블로그를 운영하고 있다. 단순히 칼로리가 낮기만 한 요리가 아닌, 건강까지 생각한 저칼로리 채식 요리를 선호한다. SBS 〈잘 먹고 잘 사는 법(건강 메모 편)〉등 다수의 방송출연으로 자신만의 독특한 식단과 다이어트 경험을 공개하기도 했다.

★☆☆ | 30MIN | 100%

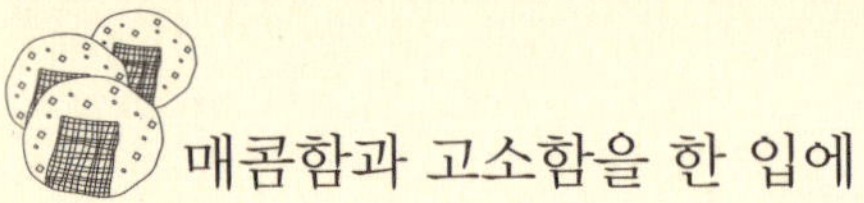

매콤함과 고소함을 한 입에

고소미 주먹밥

INGREDIENT

견과류 ················ 56g
깻잎 ················ 5장
다시마 ················ 1장
홍고추 ················ ¼개
현미밥 ················ 250g
김치 ················ 40g
절인 고추 ················ 30g
깨 적당량

HOW TO MAKE

1. 김치와 절인 고추는 꼭 짜서 물기를 뺀 후 잘게 다져 준비한다.
2. 깨, 장식용을 제외한 견과류를 믹서에 곱게 갈아 준다.
3. 따뜻한 현미밥에 ❷를 넣고 젓가락으로 섞어 준다.
4. ❶을 넣고 다시 섞은 후 한 입 크기로 둥글게 빚어 준다.
5. 깻잎으로 싸거나 둥글게 빚은 후 장식용 견과류나 홍고추를 올려 마무리한다.

TIP 곱게 간 견과류를 현미밥과 섞으면 찰기가 생겨 모양을 만들기 쉬울 뿐 아니라 고소한 맛이 더해져 좋아요.

★★☆ | 50MIN | | 100%

기름에 살짝 볶아 더 맛있는

매콤 떡 볶음

INGREDIENT

견과류 ················ 56g
현미 가래떡 ············ 2줄
삶은 고구마 ·········· 100g
식용유 ·············· 3큰술
다진 마늘 ············ 2큰술
부추 적당량

SEASONING

조청 ················ 2큰술
고추장 ·············· 3큰술

HOW TO MAKE

1. 가래떡과 고구마는 한 입 크기로 썰고, 양념 재료는 잘 섞어 준비한다.
2. 기름을 두른 팬에서 마늘을 살짝 볶는다.
3. 고구마를 넣고 고구마가 거의 익을 때까지 볶는다.
4. 떡과 견과류를 넣고 떡이 노릇해질 때까지 볶는다.
5. 양념 재료를 모두 넣고 약한 불에서 1분간 더 볶아 송송 썬 부추를 올려 마무리한다.

★☆☆ | 20MIN | 100%

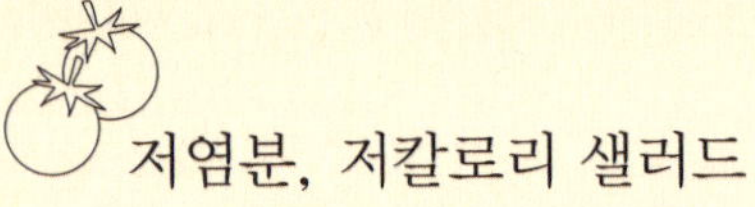

저염분, 저칼로리 샐러드

채식 얌운센

INGREDIENT

견과류 ··· 56g
샐러리 ··· 1줄
양파 ··· ½개
방울토마토 ··· 4개
깻잎 ··· 5장
버미첼리 ··· 90g
파인애플 ··· 80g
사과 ··· 50g

DRESSING

홍고추 ··· ½개
풋고추 ··· ½개
라임즙 ··· 5큰술
간장 ··· 3큰술
매실 엑기스 ··· 1큰술
다진 마늘 ··· 1큰술
참기름 ··· 1작은술
깨 ··· 1작은술

HOW TO MAKE

1. 버미첼리는 30분간 찬물에서 불려 끓는 물에 1분간 데친 후, 찬물에 헹궈 물기를 빼준다.
2. 깻잎, 양파, 사과는 채 썰고, 방울토마토, 샐러리, 파인애플은 한 입 크기로 잘라 준비한다.
3. 홍고추, 풋고추를 잘게 다져 드레싱 재료와 함께 섞어 준다.
4. 준비한 재료와 드레싱을 골고루 섞어 준 후 견과류를 올려 장식한다.

TIP 버미첼리 대신 곤약을 사용해도 좋아요.

★☆☆ | 30MIN | | 100%

조청으로 맛을 낸 저칼로리 디저트

사과 토르티아 파이

INGREDIENT

견과류 ·················· 56g
토르티아 ················ 2장
사과 ··················· 150g
조청 ··················· 10g
계핏가루 ················ 5g

SOURCE

바나나 ················· 1개
두부 ··················· 50g
레몬즙 ················· 1큰술
소금 약간

HOW TO MAKE

1. 견과류는 큼직하게 다지고, 사과는 0.5cm 크기로 깍둑 썰어 준비한다.
2. 믹서에 소스 재료를 모두 넣고 곱게 갈아 준다.
3. 팬에 사과, 계핏가루, 조청을 넣고 약한 불에서 5분간 볶아 준다.
4. 견과류를 넣고 다시 가볍게 볶아 준다.
5. 토르티아에 소스를 바르고 전자레인지에서 30초 돌려 준다.
6. ❹를 올려 마무리한다.

2

3

4

5

6

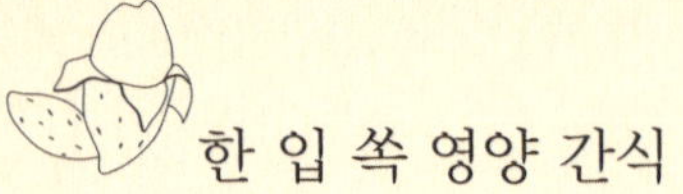

★☆☆ | 1HOUR | | 100%

한 입 쏙 영양 간식

고구마 넛츠볼

INGREDIENT

견과류 ················ 56g
고구마 ··············· 400g
콩가루 ················· 10g
크랜베리 ·············· 10g
소금 약간 ············ 1큰술

2

3

4

5

HOW TO MAKE

1. 견과류는 믹서에 넣고 곱게 갈아 준비한다.
2. 고구마는 삶아 식기 전에 으깨 준다.
3. 으깬 고구마에 콩가루를 넣고 섞어 준다.
4. 고구마 반죽을 한 입 크기로 둥글게 빚어 준다.
5. 견과류 위에 반죽을 굴리고 견과류가 떨어지지 않게 손으로 빚어 마무리한다.

톡톡 튀는 아이디어를 요리에 담다

깐풍 두부 강정

고구마 만두 맛탕

넛츠 펌킨 수프

치킨 텐더 샐러드

코코넛 푸딩

캐러멜 팝콘

Part 5.

쿠킹 아티스트 Cooking Artist 이수현의

감성 레시피

엘린 | blog.naver.com/sh88723

순수회화를 전공한, '오감을 자극하는 요리'로 예술적인 감성을 담아내는 쿠킹 아티스트. 올리브TV 〈O' My Recipe〉 2월 우승, '오뚜기 레시피 퀸 선발대회' 1위 등 화려한 수상 경력이 있는 그녀는 도자기를 만드는 어머니, 파티시에를 꿈꾸는 동생과 함께 요리 블로그를 운영하고 있다. 예쁜 그릇에 담긴 맛있는 요리와 달콤한 디저트로 행복이 가득한 식탁을 여러 사람들과 함께 나누며 기쁨을 느끼고 있다.

★★☆ | 30MIN | 50%

닭고기보다 맛있게

깐풍 두부 강정

INGREDIENT

견과류 ········ 28g
청양고추 ········ 1개
레몬 ········ ½개
부침용 두부 ········ 200g
감자 전분 ········ 200g
청주 ········ 1큰술
참기름 ········ 1작은술
식용유 적당량

SEASONING

양파 ········ ¼개
마늘 ········ 2톨
설탕 ········ 2큰술
식초 ········ 2큰술
물 ········ 1큰술
간장 ········ 1큰술
굴소스 ········ 1작은술
대파 줄기 적당량
후춧가루 약간

3

4

5

6

7

HOW TO MAKE

1. 레몬은 얇게 슬라이스한 후 4등분하고, 마늘, 대파, 양파는 굵게 다진다.
2. 청양고추는 반을 갈라 씨를 제거한 후 채 썬다.
3. 두부는 한 입 크기로 썰어 감자 전분과 함께 비닐봉지에 넣고 흔들어 골고루 묻혀 준다.
4. 식용유를 넉넉히 두른 팬에서 두부를 앞뒤로 노릇하게 튀긴 후 기름기를 빼준다.
5. 달궈진 팬에 식용유를 두르고 마늘, 대파, 양파를 넣고 볶다가 청주를 넣어 향을 낸 후 양념 재료를 모두 넣고 끓인다.
6. 두부와 견과류를 넣고 양념이 배도록 볶아 준다.
7. 레몬과 청양고추를 넣고 1분 정도 볶다가 불을 끄고 참기름을 섞어 마무리한다.

TIP 두부를 튀길 때 두부 사이의 간격이 좁으면 서로 달라 붙을 수 있으니 주의하세요.

★★☆ | 1HOUR 30MIN | 50%

겉은 바삭, 속은 촉촉

고구마 만두 맛탕

INGREDIENT

만두피 ················ 12장
설탕 ················ 4큰술
카놀라유 ············ 2큰술
포도씨유 ············ 1큰술

FILLING

견과류 ················ 56g
고구마 ················ 250g
건크랜베리 ············ 25g
꿀 ···················· 1큰술
생크림 ················ 2큰술

HOW TO MAKE

1. 견과류는 잘게 다지고, 고구마는 삶아 식기 전에 으깨 준다.
2. 속재료를 골고루 섞어 반죽을 만든다.
3. 만두피에 반죽을 한 입 크기로 넣고 모양을 만들어 준다.
4. 유산지를 깐 오븐 팬에 만두를 올리고 카놀라유를 얇게 발라 180°C로 예열된 오븐에서 10~12분간 굽는다.
5. 팬에 설탕, 포도씨유를 넣고 약한 불에서 저어 가며 시럽을 만든다.
6. 시럽이 갈색으로 변하면 만두를 넣고 버무려 마무리한다.

TIP 만두에 기름을 바른 후 구워야 바삭한 만두가 된답니다.

★★☆ | 50MIN | 100%

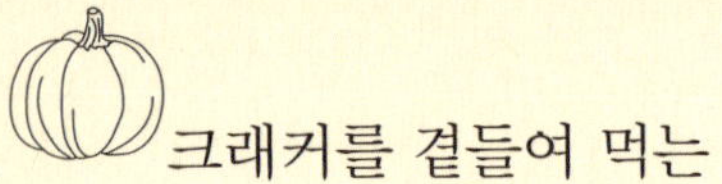

크래커를 곁들여 먹는

넛츠 펌킨 수프

INGREDIENT

단호박 ··············· 400g
양파 ··················· ½개
치킨스톡 큐브 ·········· 1개
물 ···················· 1.5컵
우유 ··················· 1컵
생크림 ················· ½컵
버터 ················· 1큰술
소금 약간
후춧가루 약간

CRACKER

견과류 ················· 56g
파르미지아노 레지아노 치즈 ········ 100g
건살구 ················· 10g
건크랜베리 ············· 10g

HOW TO MAKE

1. 건살구, 건크랜베리, 견과류는 큼직하게 다져 준비한다.
2. 파르미지아노 레지아노 치즈를 강판에 곱게 갈아 준다.
3. 유산지를 깐 오븐 팬에 ❶과 ❷를 골고루 섞어 스틱 모양으로 올리고 180°C로 예열된 오븐에서 7~10분간 구워 크래커를 만든다.
4. 단호박은 껍질을 벗겨 적당한 크기로 자르고, 양파는 채 썰어 버터를 녹인 팬에서 볶는다.
5. 물, 우유, 치킨스톡 큐브를 넣고 단호박이 완전히 익어 으깨질 때까지 중간 불에서 끓인 후 믹서에 곱게 간다.
6. ❺를 다시 냄비에 붓고 생크림을 넣어 약한 불에서 5분간 저어 가며 끓인다.
7. 소금과 후춧가루로 간을 하고 크래커와 함께 접시에 담아 마무리한다.

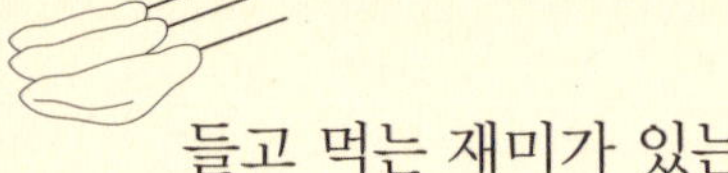

★★☆ | 30MIN | 50%

들고 먹는 재미가 있는

치킨 텐더 샐러드

INGREDIENT

견과류 ················ 28g
달걀 ····················· 1개
닭가슴살 ··········· 200g
빵가루 ·············· 200g
쌀가루 ·············· 100g
샐러드용 야채 ········ 40g
올리브유 ············ 2큰술
소금 약간
후춧가루 약간

DRESSING

견과류 ················ 28g
마늘 ····················· 1톨
올리브유 ············ 3큰술
레몬즙 ··············· 2큰술
파르메산 치즈가루 ··· 2큰술
엔쵸비 페이스트 ··· 3작은술
씨겨자 ··········· 1작은술
발사믹 식초 ······ 1작은술

2

3

4

5

HOW TO MAKE

1. 견과류는 잘게 다지고, 달걀은 풀어 준비한다.
2. 닭가슴살에 올리브유 2큰술, 소금, 후춧가루를 발라 밑간 한다.
3. 샐러드용 야채는 흐르는 물에 깨끗이 씻어 적당한 크기로 잘라 체에 받쳐 물기를 뺀다.
4. 팬에 올리브유 3큰술을 두르고 빵가루가 연한 갈색이 될 때까지 약한 불에서 볶은 후 견과류를 섞어 마무리한다.
5. 닭가슴살에 꼬치를 끼우고 쌀가루, 달걀물, 빵가루 순으로 옷을 입혀 180°C로 예열된 오븐에서 10~13분간 굽는다.
6. 믹서에 드레싱 재료를 모두 넣고 곱게 갈아 준다.
7. 그릇에 샐러드를 담고 꼬치를 올린 후 드레싱을 부어 마무리 한다.

★☆☆ | 20MIN | 50%

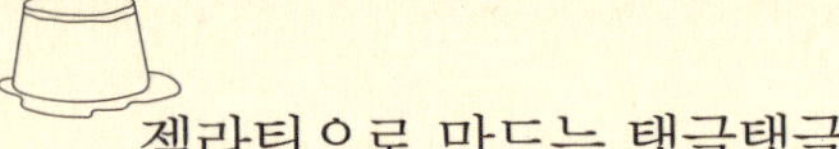

젤라틴으로 만드는 탱글탱글 디저트

코코넛 푸딩

INGREDIENT

견과류 ················ 28g
판 젤라틴 ······ 3장(약 6g)
우유 ··················· 1컵
생크림 ··············· ½컵
코코넛 슬라이스 ······ 15g
설탕 ················ 2큰술

HOW TO MAKE

1. 판 젤라틴을 찬물에 10분간 불린 후 물기를 제거한다.
2. 믹서에 우유, 견과류, 코코넛 슬라이스를 넣어 곱게 갈고, 설탕을 섞어 전자레인지에서 1분 30초 돌려 준다.
3. 판 젤라틴을 넣고 전자레인지에서 1분 30초 동안 한 번 더 돌려 젤라틴을 완전히 녹여 준다.
4. 한 김 식혀 원하는 모양의 그릇에 담고 냉장고에 넣어 3~4시간 굳혀 완성한다.

★☆☆ | 20MIN | | 100%

입에서 살살 녹는

캐러멜 팝콘

INGREDIENT

견과류 ················ 56g
팝콘용 옥수수 ········ 120g
설탕 ················ 100g
생크림 ················ 80g
버터 ················ 30g
물엿 ················ 10g

HOW TO MAKE

1. 견과류는 잘게 다져 준비한다.
2. 달궈진 팬에 버터 10g을 녹인 후 팝콘용 옥수수를 넣고 1~2분간 중간 불에서 볶아 준다.
3. 옥수수 알이 터지기 시작하면 뚜껑을 덮고 팬을 흔들어 가며 팝콘을 튀겨 준다.
4. 다른 팬에 설탕, 물엿을 넣고 약한 불에서 살살 저어 가며 녹여 준다.
5. 설탕이 갈색으로 변하면 생크림을 넣고 골고루 섞은 후 불을 끄고 버터 20g을 넣어 녹여 준다.
6. 팝콘, 견과류를 넣고 골고루 묻도록 섞어 준다.

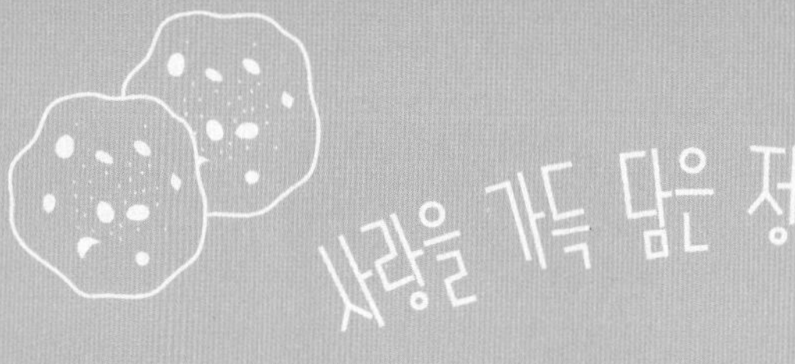

사랑을 가득 담은 정성이 깃든 요리

된장소스 스테이크

유자 닭봉 조림

견과 떡꼬치 구이

고구마 넛츠 오븐 구이

쑥 찰떡 구이

뱅어포 견과 볶음

치킨 카레 샐러드

베이글 샐러드

유럽식 팬케이크

미니 떡케이크

당근 머핀

와인 넛츠 브레드

크림치즈 스콘

넛츠 쿠키

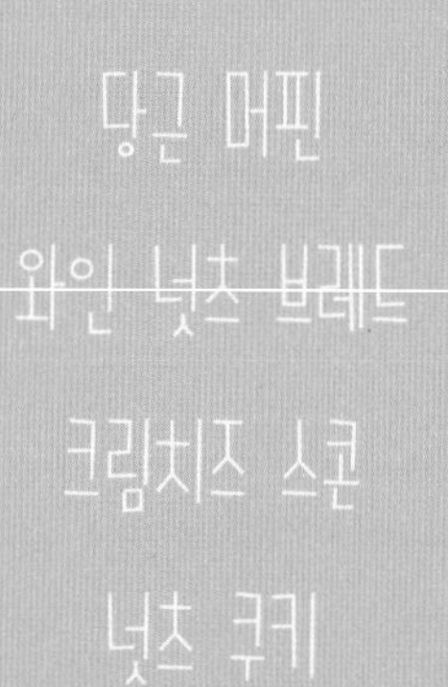

Part 6.

별난 주부 문지현의

소울 푸드 레시피

아영맘 | blog.naver.com/agada3374

아이들에게 좀 더 안전하고 건강한 음식 먹이고 싶은 마음을 담은 블로그를 운영하고 있는 10년차 주부. 주로 영 · 유아를 위한 이유식, 간식 레시피를 중심으로 블로그 이웃과 정보를 공유하며 소통하고 있다. Food TV 〈별난 주부전〉에 출연한 경력이 있다.

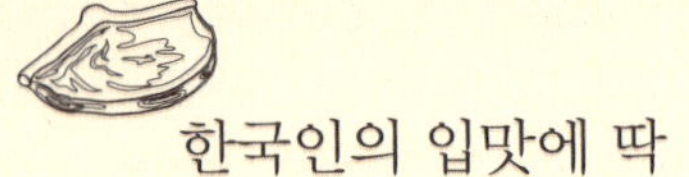

★★☆ | 1HOUR | | 100%

한국인의 입맛에 딱

된장소스 스테이크

INGREDIENT

견과류 ········· 28g
양송이버섯 ········· 2개
양파 ········· ¼개
스테이크용 쇠고기 ··· 200g
느타리버섯 ········· 50g
된장 ········· ½큰술
올리브유 ········· 1큰술
버터 ········· 1큰술
허브솔트 약간

SOURCE

물 ········· 140ml
된장 ········· ½큰술
설탕 ········· 1작은술
참기름 ········· 1작은술

5

6

7

HOW TO MAKE

1. 견과류는 잘게 다지고, 야채는 깨끗이 씻어 적당한 크기로 자른다.
2. 스테이크용 쇠고기는 허브솔트와 올리브유를 발라 30분 이상 재워 둔다.
3. 양파와 양송이버섯은 채 썰고, 느타리버섯은 손으로 잘게 찢어 준비한다.
4. 된장은 물과 섞어 체에 받쳐 풀어 준 후, 설탕과 참기름을 섞어 된장 소스를 만든다.
5. 팬에 버터를 녹인 후 양파, 느타리버섯 순서로 익힌다.
6. 된장 소스를 넣고 조리다가 견과류를 넣고 가볍게 섞어 마무리한다.
7. 쇠고기는 기름을 두른 팬에서 앞뒤로 익혀 준다.
8. 쇠고기에 소스를 뿌리고, 야채를 곁들여 마무리한다.

★★☆ | 2HOUR 10MIN | 100%

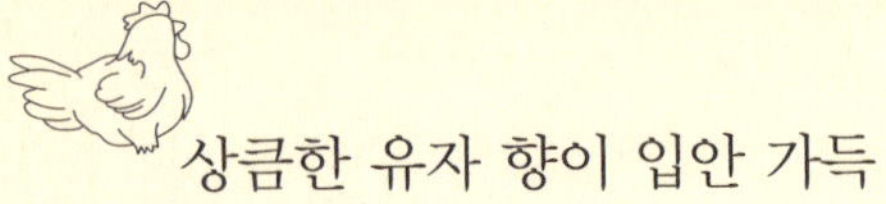

상큼한 유자 향이 입안 가득

유자 닭봉 조림

INGREDIENT

- 견과류 ········ 56g
- 닭봉 ········ 10개
- 우유 ········ 1컵

SEOSONING

- 조림 간장 ········ 4큰술
- 유자청 ········ 3큰술
- 설탕 ········ 1큰술
- 생강즙 ········ 1큰술
- 다진 마늘 ········ 1큰술
- 후춧가루 약간

HOW TO MAKE

1. 견과류는 큼직하게 다져 준비한다.
2. 닭봉은 우유에 30분 정도 담가 비린내를 제거한다.
3. 우유를 버리고 양념 재료를 모두 넣고 1시간 이상 재운다.
4. 팬에 넣고 양념이 밸 때까지 조린다.
5. 닭봉이 완전히 익으면 견과류를 넣어 마무리한다.

★★☆ | 30MIN | | 50%

매콤달콤 칠리소스로 맛을 낸

견과 떡꼬치 구이

INGREDIENT

견과류 ················ 28g
떡볶이떡 ·············· 10개
어묵 ················ 10조각
노랑 파프리카 ········ ¼개
빨강 파프리카 ········ ¼개
방울토마토 ············ 5개
브로콜리 적당량
올리브유 적당량

SOURCE

양파 ·················· 10g
칠리소스 ·············· ½컵
올리고당 ············ 2큰술
레몬즙 ·············· 2큰술
물에 푼 녹말 ········ 1큰술

4

5

6

7

HOW TO MAKE

1. 견과류는 큼직하게 다져 준비한다.
2. 떡볶이떡과 어묵은 끓는 물에 살짝 데쳐 기름기를 제거한다.
3. 파프리카는 떡볶이떡과 같은 크기로 자르고, 브로콜리는 살짝 데쳐 한 입 크기로 잘라 준비한다.
4. 양파는 잘게 다져 올리브유를 두른 팬에서 볶아 준다.
5. 4에 칠리소스와 올리고당, 레몬즙을 넣고 끓이다가 녹말물을 넣어 걸쭉한 소스를 만든다.
6. 꼬치에 떡과 어묵, 야채를 골고루 꽂아 준다.
7. 올리브유를 두른 팬에 꼬치를 앞뒤로 노릇하게 굽는다.
8. 소스를 바르고 견과류를 뿌려 마무리한다.

TIP
- 떡의 물기를 제거하지 않고 기름에 구우면 물이 튀어 위험하니 주의하세요.
- 취향에 따라 닭가슴살이나 메추리알을 추가하면 아이들의 영양간식으로 손색이 없답니다.

★★☆ | 1HOUR 30MIN | | 100%

달콤바삭 크럼블이 들어간

고구마 넛츠 오븐 구이

INGREDIENT

견과류 ···· 56g
고구마(중간 크기) ···· 3개
달걀 ···· 1개
우유 ···· 50ml
올리고당 ···· 10g

CRUMBLE

통밀가루 ···· 60g
포도씨유 ···· 30g
설탕 ···· 20g

1

2

3

4

5

HOW TO MAKE

1. 고구마는 삶아 식기 전에 으깬다.
2. 으깬 고구마에 달걀, 우유, 올리고당을 넣고 잘 섞어 고구마 반죽을 만든다.
3. 볼에 크럼블 재료를 모두 넣고 골고루 섞어 준다.
4. 오븐 용기에 고구마 반죽, 크럼블 순서로 올려 준다.
5. 견과류를 큼직하게 다져 장식한다.
6. 180°C로 예열된 오븐에서 40분간 굽는다.

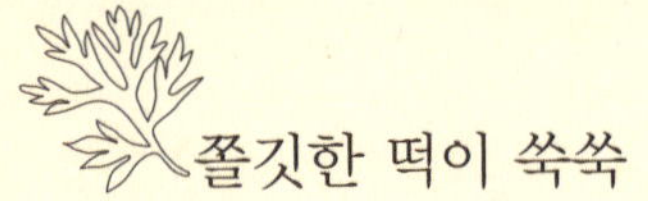

쫄깃한 떡이 쑥쑥

★★☆ | 40MIN | 50%

쑥 찰떡 구이

INGREDIENT

견과류 ················· 56g
찹쌀가루 ············ 400g
조청 ··················· 2큰술
쑥가루 ················ 1큰술
소금 ·············· ½작은술
따뜻한 물 적당량
식용유 적당량

HOW TO MAKE

1. 조청과 견과류는 섞어 준비한다.
2. 볼에 찹쌀가루, 쑥가루, 소금을 넣고 따뜻한 물을 조금씩 넣어 가며 익반죽 한다.
3. 반죽은 적당한 크기로 둥글게 빚어 기름을 두른 팬에서 앞뒤로 노릇하게 굽는다.
4. 구워진 떡 위에 ❶을 올려 마무리한다.

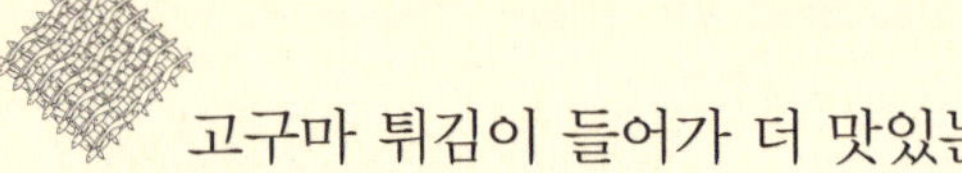

★★☆ | 40MIN | | 100%

고구마 튀김이 들어가 더 맛있는

뱅어포 견과 볶음

INGREDIENT

견과류 ·················· 56g
고구마 ·················· 1개
뱅어포 ·················· 1장
깨 ······················ 1큰술
식용유 ·················· 1큰술

SEASONING

매실 엑기스 ·········· 1큰술
올리고당 ·············· 1큰술
조림간장 ·············· 1큰술
청주 ·················· ½큰술

3

4

5

HOW TO MAKE

1. 뱅어포는 팬에서 살짝 구운 후 먹기 좋은 크기로 잘라 준비한다.
2. 고구마는 껍질을 벗기고 작게 깍둑썰어 찬물에 10분간 담근 후 물기를 제거한다.
3. 160°C로 예열된 기름에서 노릇하게 튀겨 낸다.
4. 팬에 양념 재료를 모두 넣고 끓이다가 거품이 나기 시작하면 약한 불로 줄이고 뱅어포, 고구마, 견과류를 넣고 재빨리 섞어 준다.
5. 깨를 뿌려 마무리한다.

TIP

- ❹과정에서 뱅어포는 약한 불에서 재빨리 섞어야 딱딱해 지지 않아요.
- 고구마의 물기를 충분히 제거하지 않고 기름에 튀기면 물이 튀어 오를 수 있으니 주의하세요.

★★☆ | 50MIN | | 100%

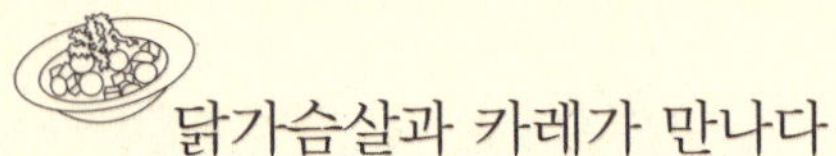

닭가슴살과 카레가 만나다

치킨 카레 샐러드

INGREDIENT

견과류 ················ 56g
닭가슴살 ·············· 60g
샐러드용 야채 적당량
식용유 적당량
허브솔트 약간

DRESSING

마요네즈 ············ 3큰술
우유 ················· 1큰술
레몬즙 ··············· 1큰술
카레가루 ·········· 1작은술
설탕 ················ 1작은술

2

3

4

5

6

HOW TO MAKE

1. 견과류는 큼직하게 다져 준비한다.
2. 닭가슴살은 칼집을 내고 허브솔트와 레몬즙을 뿌려 30분간 재워 둔다.
3. 샐러드용 야채는 깨끗이 씻어 적당한 크기로 자르고 물기를 제거한다.
4. 닭가슴살은 한 입 크기로 썰어 기름을 두른 팬에서 구워 준다.
5. 샐러드용 그릇에 야채, 닭가슴살, 견과류를 순서대로 올려 준다.
6. 드레싱 재료를 골고루 섞어 샐러드에 뿌려 마무리한다.

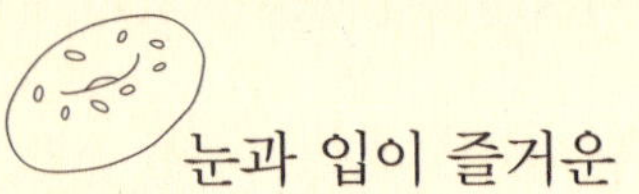

★☆☆ | 20MIN | ☺☺ | 100%

눈과 입이 즐거운

베이글 샐러드

INGREDIENT

견과류 ················ 56g
베이글 ················ 1개
방울토마토 ·········· 10개
오이 ················ ½개
노랑 파프리카 ········ ½개
파슬리가루 약간

DRESSING

올리브유 ············ 2큰술
발사믹 식초 ·········· 1큰술
레몬즙 ·············· 1큰술

1

2

3

4

HOW TO MAKE

1. 베이글은 깍둑썰어 팬에서 바삭하게 구워 준다.
2. 오이, 파프리카, 방울토마토도 베이글과 같은 크기로 썰어 준다.
3. 그릇에 야채, 베이글, 견과류 순으로 올려 준다.
4. 드레싱 재료를 섞어 샐러드에 뿌리고 파슬리가루로 마무리한다.

★★☆ | 50MIN | ☺☺ | 50%

따뜻한 햇살 아래서 맛보는 브런치

유럽식 팬케이크

PANCAKE

달걀 ······ 1개
밀가루 ······ ½컵
우유 ······ ½컵
설탕 ······ 1작은술
소금 약간

TOPPING

견과류 ······ 28g
바나나 ······ ½개
사과 ······ ¼개
블루베리 ······ 20g
버터 ······ 1큰술
슈가파우더 ······ 1큰술
계핏가루 ······ ½작은술

2

3

4

5

HOW TO MAKE

1. 팬케이크 재료를 골고루 섞어 반죽을 만든다.
2. 케이크용 틀, 또는 팬에 버터를 골고루 발라 반죽을 넣고 200°C로 예열된 오븐에서 20분간 굽는다.
3. 사과는 얇게 썰어 버터를 두른 팬에서 볶다가 계핏가루를 넣고 물기가 없어질 때까지 졸인다.
4. 바나나는 얇게 썰어 버터를 두른 팬에서 볶다가 계핏가루를 넣고 살짝 볶는다.
5. 팬케이크 위에 사과, 바나나, 블루베리, 견과류를 올린 후 슈가파우더를 뿌려 마무리한다.

TIP 취향에 따라 팬케이크 위에 메이플 시럽을 뿌려도 좋아요.

★★★ | 1HOUR 10MIN | | 100%

커피의 향긋함을 담은

미니 떡케이크

INGREDIENT

- 멥쌀가루 ············ 400g
- 물 ···················· 4큰술
- 커피가루(블랙 커피) ··· 2큰술
- 따뜻한 물 ··········· 2큰술
- 설탕 ················ 1큰술
- 소금 ············· ½작은술

FILLING

- 견과류 ················ 56g
- 설탕 ················ 3큰술
- 물 ··················· 2큰술
- 물에 푼 녹말 ········ 1큰술
- 버터 ················ ½큰술
- 계핏가루 ············ ½큰술

HOW TO MAKE

1. 냄비에 설탕, 계핏가루, 물, 버터를 넣고 끓이다가 견과류를 큼직하게 다져 넣고 살짝 끓여 준다.
2. 녹말물을 넣고 약한 불에서 살짝 졸인 후 식힌다.
3. 체 친 멥쌀가루에 소금, 커피가루를 넣고 가루가 뭉쳐질 때까지 물을 넣어 가며 섞는다.
4. ❸을 체 친 후 설탕을 넣고 섞어 준다.
5. 모양틀에 기름을 살짝 바르고 멥쌀가루를 ½정도 채운 후 양념된 견과류를 적당량 올린다.
6. 멥쌀가루를 채운 후 뜨겁게 달궈진 찜기에서 15분간 찐다.

TIP 멥쌀가루에 물을 섞을 때는 손으로 뭉쳐 작은 덩어리가 질 때까지 물을 조금씩 여러 번 넣어 가며 맞춰 주세요.

★★☆ | 1HOUR | ☺☺☺ | 66.6%

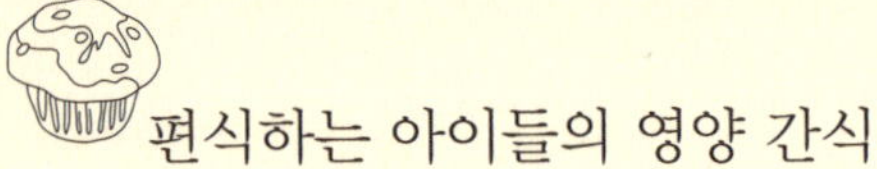

편식하는 아이들의 영양 간식

당근 머핀

INGREDIENT

견과류 ················ 56g
달걀 ···················· 2개
당근 ················ 160g
박력분 ·············· 160g
카놀라유 ············ 120g
설탕 ················· 80g
베이킹파우더 ·········· 4g
소금 ··················· 2g
계핏가루 ·········· 1작은술

TOPPING

크림치즈 ············ 120g
설탕 ················· 30g

2

3

4

5

HOW TO MAKE

1. 견과류는 큼직하게 다지고, 당근은 깨끗이 씻어 껍질을 벗겨 강판에 갈아 준비한다.
2. 달걀, 설탕, 소금, 카놀라유를 넣고 설탕 입자가 보이지 않을 때까지 거품기로 저어 준다.
3. 박력분, 베이킹파우더, 계핏가루를 체 쳐 넣고 가볍게 섞다가 당근과 견과류를 넣고 다시 섞어 준다.
4. 머핀컵에 반죽을 ⅔정도 채운 후 180°C로 예열된 오븐에서 25분간 굽는다.
5. 볼에 크림치즈와 설탕을 넣고 부드러워 질 때까지 거품기로 저어 준다.
6. 머핀이 식으면 크림치즈와 여분의 견과류로 장식해 마무리한다.

TIP 카놀라유를 사용하는 머핀은 오래 섞으면 부드러움이 덜할 수 있으니 날가루가 보이지 않을 때까지만 반죽하세요.

★★★ | 3HOUR | ☺☺☺☺ | 50%

와인 향이 살아있는

와인 넛츠 브레드

INGREDIENT

견과류 ················ 56g
강력분 ··············· 200g
물 ··················· 80ml
통밀가루 ·············· 50g
무화과 ················ 40g
화이트 와인 ··········· ½컵
럼주 ·················· ½컵
소금 ··················· 5g
드라이 이스트 ·········· 4g

HOW TO MAKE

1. 견과류는 큼직하게 다져 준비한다.
2. 무화과는 럼주에 6시간 이상 불린 후 4등분으로 잘라 준비한다.
3. 볼에 체 친 강력분, 통밀가루, 소금, 이스트, 와인, 물을 넣고 반죽에 찰기가 생기고 표면이 매끄러워 질 때까지 약 15분간 반죽한다.
4. 견과류와 무화과를 넣고 다시 가볍게 반죽한다.
5. 완성된 반죽은 랩으로 싸고 따뜻한 곳(28~30℃)에서 50분간 1차 발효한다.
6. 발효된 반죽을 주먹으로 가볍게 눌러 가스를 빼주고 두 덩어리로 나눠 랩을 씌워 15분간 실온에 둔다.
7. 반죽을 럭비공 모양으로 성형해 칼집을 내고 랩으로 싸서 40분간 2차 발효한다.
8. 220℃로 예열된 오븐에서 18분간 굽는다.

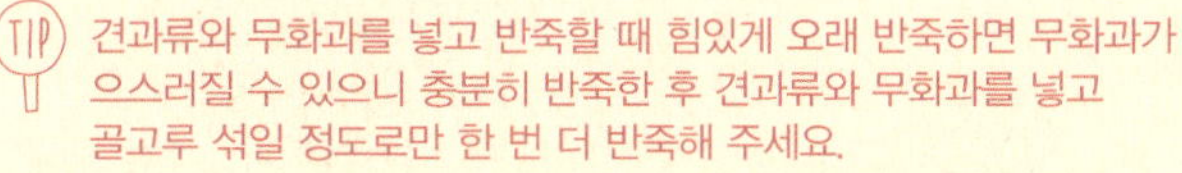
TIP 견과류와 무화과를 넣고 반죽할 때 힘있게 오래 반죽하면 무화과가 으스러질 수 있으니 충분히 반죽한 후 견과류와 무화과를 넣고 골고루 섞일 정도로만 한 번 더 반죽해 주세요.

★★★ | 1HOUR 50MIN | | 50%

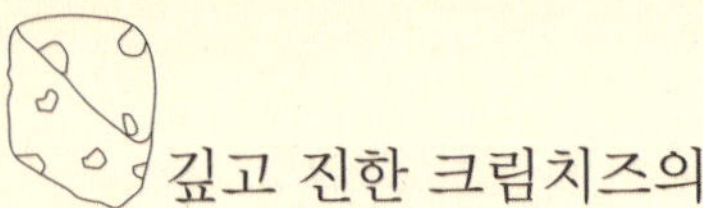

깊고 진한 크림치즈의 맛

크림치즈 스콘

INGREDIENT

견과류 ················ 56g
달걀 ················ ½개
박력분 ················ 160g
크림치즈 ················ 110g
버터 ················ 35g
우유 ················ 35g
크랜베리 ················ 20g
설탕 ················ 20g
럼주 ················ 20ml
베이킹파우더 ················ 4g
소금 ················ 2g

2

3

4

5

6

HOW TO MAKE

1. 크랜베리는 6시간 이상 럼주에 불려 준비하고, 크림치즈와 버터는 차가운 상태 그대로 잘게 잘라 준다.
2. 볼에 체 친 박력분, 베이킹파우더, 설탕, 소금을 넣고 크림치즈와 버터를 손으로 으깨듯 가볍게 반죽한다.
3. 우유, 견과류, 크랜베리를 넣고 다시 반죽한다.
4. 반죽을 한 덩어리로 뭉쳐 랩으로 씌워 냉장고에서 1시간 휴지시킨다.
5. 도마에 밀가루를 뿌리고 반죽을 둥글게 2cm 두께로 밀어 8등분한다.
6. 오븐 팬에 유산지를 깔고 반죽을 올린 후 달걀을 풀어 반죽 위에 얇게 발라 준다.
7. 200°C로 예열된 오븐에서 18분간 굽는다.

TIP 스콘을 만들 때는 모든 재료가 차가운 상태로 반죽되어야 바삭하게 완성할 수 있어요.

★☆☆ | 30MIN | | 66.6%

Only Nuts!

넛츠 쿠키

INGREDIENT

견과류 ·················· 56g
달걀 흰자 ········· 1개 분량
중력분 ·················· 20g
설탕 ···················· 20g
건크랜베리 ············ 20g
럼주 적당량

HOW TO MAKE

1. 견과류는 잘게 다지고, 건크랜베리는 럼주에 6시간 이상 불려 준비한다.
2. 볼에 달걀 흰자와 설탕을 넣고 설탕 입자가 녹을 때까지 거품기로 잘 저어 준다.
3. 견과류와 크랜베리를 넣고 섞어 준다.
4. 중력분을 체 쳐 넣고 다시 섞어 준다.
5. 오븐 팬에 유산지를 깔고 반죽을 적당한 크기로 모양내 180°C로 예열된 오븐에서 15분간 굽는다.

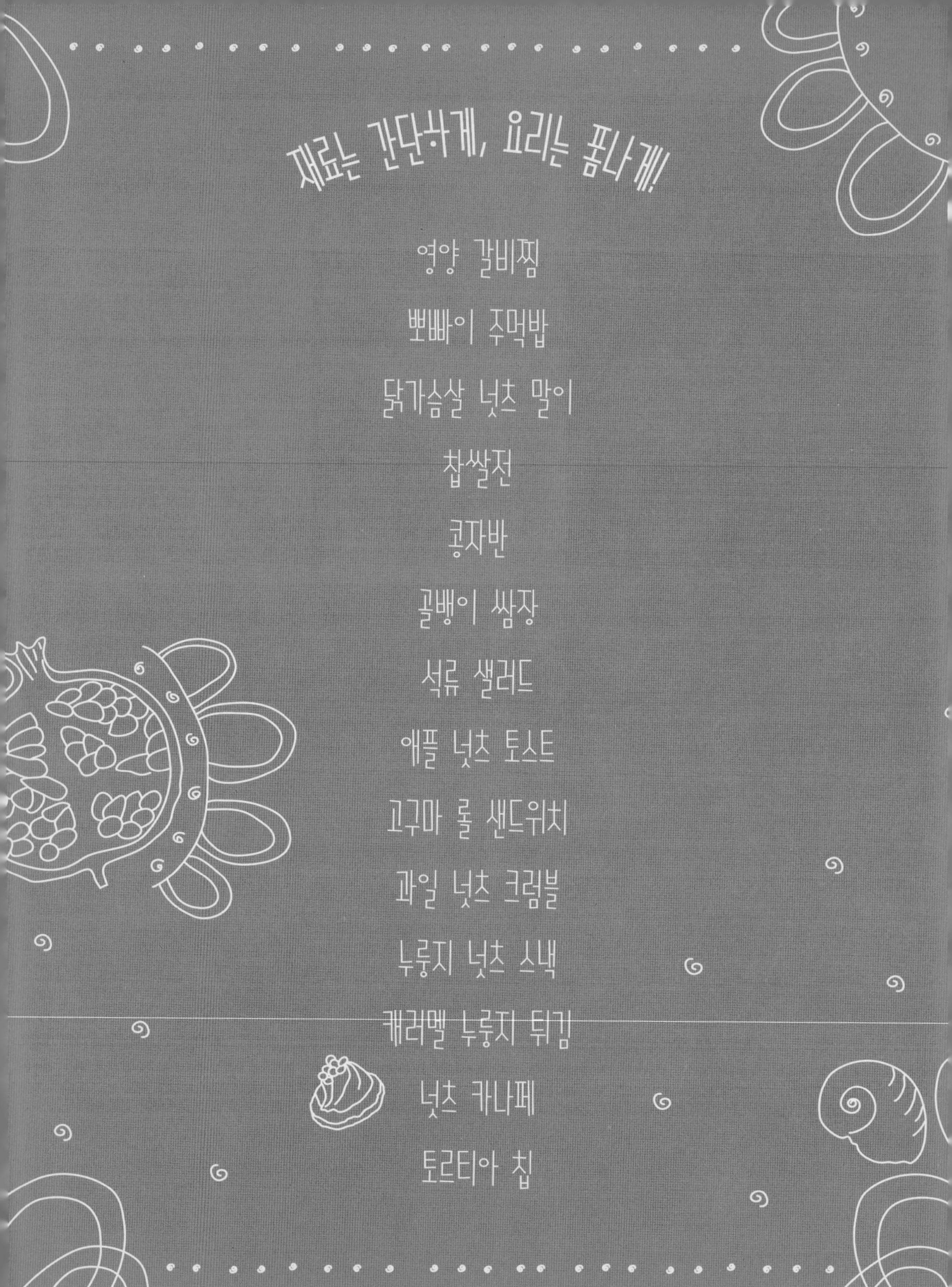

재료는 간단하게, 요리는 폼나게!

영양 갈비찜

뽀빠이 주먹밥

닭가슴살 넛츠 말이

찹쌀전

콩자반

골뱅이 쌈장

석류 샐러드

애플 넛츠 토스트

고구마 롤 샌드위치

과일 넛츠 크럼블

누룽지 넛츠 스낵

캐러멜 누룽지 튀김

넛츠 카나페

토르티아 칩

Part 7.

요리하는 엄마 함신애의

톡톡 아이디어 레시피

아담여인 | blog.naver.com/hshinae

前 트루라이프 쿠킹 클래스 강사이자 6살 개구쟁이 아들을 키우고 있는 9년차 주부. 소박한 듯 친근해 손쉽게 따라할 수 있는 레시피를 선호하며, 누구나 간단한 재료로 집에서도 폼나고 맛있는 요리를 만들 수 있는 레시피를 개발하고 있다. KBS 〈무엇이든 물어보세요〉, MBC 〈생방송 오늘 아침〉 외 다수 방송출연과 〈에쎈〉, 〈파티시에〉, 〈퀸〉 등 다수 요리전문 잡지에 기고한 경력이 있고, 네이버 키친에서 주최한 '러브 키친 레시피 공모전' 1위 등의 수상 경력이 있다.

★★★ | 3HOUR 30MIN | | 100%

푸짐함에 영양까지 담은

영양 갈비찜

INGREDIENT

견과류 ················ 84g
대파 ··················· 1대
양파 ·················· ½개
사과 ·················· ¼개
다시마 ················· 1장
마늘 ··················· 3톨
대추 ··················· 2알
월계수 잎 ·············· 3장
쇠갈비 ················ 600g
물 ··················· 600ml
무 ···················· 200g
당근 ·················· 100g
밤 ···················· 100g
은행 ··················· 50g
청주 ················· 2큰술
통후추 약간

SEASONING

저염간장 ············ 8큰술
배즙 ················· 3큰술
꿀 ··················· 2큰술
설탕 ················· 1큰술
청주 ················· 1큰술
참기름 ··············· 1큰술
다진 마늘 ··········· 1큰술

HOW TO MAKE

1. 쇠갈비는 찬물에 1시간 정도 담가 핏물을 뺀 후 칼집을 내 준비한다.
2. 대파, 사과, 양파는 큼직하게 썰고, 밤은 껍질을 벗겨 준비한다.
3. 무와 당근은 큼직하게 썰어 모서리 부분을 돌려 깎아 준다.
4. 냄비에 쇠고기, 쇠고기가 잠길 정도의 물, 청주, 월계수 잎을 넣고 10분간 삶은 후 쇠고기를 건져 준다.
5. 냄비에 대파, 양파, 통후추, 사과, 다시마, 물을 넣고 약한 불에서 10분간 끓이다 다시마를 건져 내고 다시 20분간 끓여 육수를 만든다.
6. 볼에 육수와 양념 재료를 골고루 섞어 준 후 쇠갈비를 넣고 냉장고에서 2시간 숙성시킨다.
7. ❻을 냄비에 담아 끓여 주다가 쇠갈비가 반 정도 익으면 무, 당근, 밤을 넣고 푹 익을 때까지 끓여 준다.
8. 은행과 견과류를 넣고 가볍게 섞어 준 후 3분간 더 끓여 마무리한다.

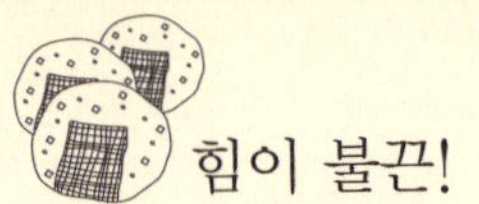

힘이 불끈!

뽀빠이 주먹밥

INGREDIENT

견과류 ········ 28g
뱅어포 ········ 1장
밥 ········ 140g
시금치 ········ 30g
통깨 ········ 1큰술
참기름 ········ 1작은술
소금 약간
깨소금 약간

2

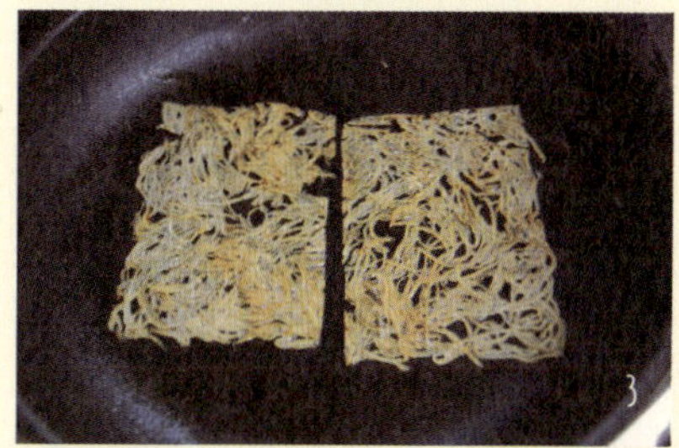
3

4

5

6

HOW TO MAKE

1. 견과류는 잘게 다져 준비한다.
2. 끓는 물에 소금을 넣고 시금치를 데친 후 송송 썰어 소금과 참기름으로 밑간한다.
3. 기름을 두른 팬에 뱅어포를 앞뒤로 바삭하게 굽는다.
4. 뱅어포가 식으면 통깨와 함께 봉지에 넣고 잘게 부순다.
5. 밥, 시금치, 다진 견과류, 참기름, 깨소금을 골고루 섞은 후 한 입 크기로 둥글게 모양낸다.
6. ❹에 주먹밥을 넣고 뱅어포를 골고루 묻혀 마무리한다.

★★★ | 50MIN | | 50%

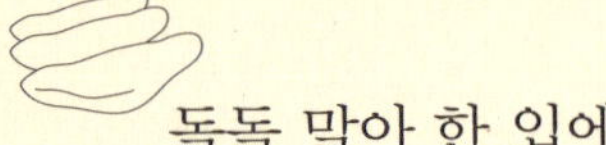

돌돌 말아 한 입에 쏙~

닭가슴살 넛츠 말이

INGREDIENT

달걀 ………………… 1개
닭가슴살 ………… 200g
빵가루 …………… 20g
올리브유 ………… 1큰술
밀가루 ………… 1작은술
소금 약간
후춧가루 약간

견과류 …………… 28g
크림치즈 ………… 60g

HOW TO MAKE

1. 크림치즈는 실온에 미리 꺼내 두어 부드러운 상태가 되었을 때 견과류와 섞어 준비한다.
2. 닭가슴살은 얇게 포를 뜬다.
3. 닭가슴살에 ❶을 올리고 김밥 말 듯 돌돌 말아 준다.
4. 밀가루, 달걀물, 빵가루 순으로 묻힌 후 겉면에 올리브유를 살짝 발라 준다.
5. 180℃로 예열된 오븐에서 25분간 굽는다.
6. 한 김 식힌 후 적당한 두께로 잘라 마무리한다.

TIP 닭가슴살은 한 김 식인 후 썰어야 모양이 흐트러지지 않아요.

★★☆ | 40MIN | 33.3%

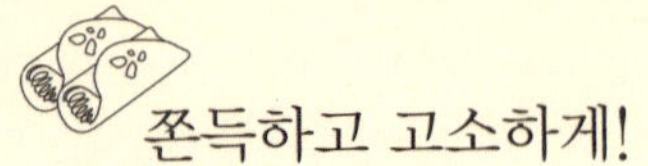

쫀득하고 고소하게!

찹쌀전

INGREDIENT

견과류 ·················· 28g
대추 ····················· 3알
찹쌀가루 ················ 1컵
따뜻한 물 ············· ½컵
꿀 ······················ 2큰술
소금 ·············· ¼작은술

HOW TO MAKE

1. 대추는 깨끗이 씻어 돌려 깎은 후 씨를 제거하고 잘게 다진다.
2. 견과류는 잘게 다져 대추와 섞어 준비한다.
3. 볼에 찹쌀가루, 소금을 넣고 따뜻한 물을 3~5번 나눠 넣으면서 익반죽한다.
4. 반죽을 20g씩 나누어 밀대로 밀어 만두피보다 조금 더 크게 만들어 준다.
5. 기름을 두른 팬에서 앞뒤로 노릇하게 굽는다.
6. 한 쪽 면에 꿀을 바르고 대추와 견과류를 올려 돌돌 말아준다.

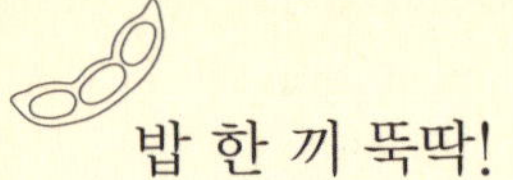

★★☆ | 35MIN | ☺☺☺☺ | 75%

밥 한 끼 뚝딱!

콩자반

INGREDIENT

견과류 ·················· 84g
검은콩 ················ 200g
물 ······················ 1컵

SEASONING

저염간장 ············ 3큰술
참기름 ·············· 1큰술
설탕 ················· 1큰술
올리고당 ·········· 1작은술

1

2

3

4

HOW TO MAKE

1. 검은콩은 깨끗이 씻은 후 물에 담가 1시간 정도 불려 준다.
2. 양념 재료를 골고루 섞어 양념장을 만든다.
3. 냄비에 검은콩, 물을 넣고 중간 불에서 뚜껑을 덮은 채로 20분간 삶는다.
4. 견과류와 양념장을 넣고 양념이 골고루 배도록 10분간 조린다.

★★☆ | 30MIN | | 75%

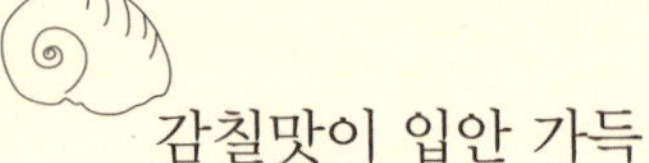

감칠맛이 입안 가득

골뱅이 쌈장

INGREDIENT

견과류 56g
골뱅이(통조림) 100g
대파 .... ½대
양파 .... ¼개
홍고추 1개
풋고추 1개
마늘 4톨
된장 3큰술
매실효소 2큰술
고추장 1큰술
참기름 1큰술
포도씨유 1큰술
뜨거운 물 적당량

HOW TO MAKE

1. 마늘, 양파, 대파, 홍고추, 풋고추는 잘게 다져 준비한다.
2. 견과류는 큼직하게 다져 팬에 살짝 굽는다.
3. 골뱅이는 체에 받쳐 물기를 빼고 뜨거운 물을 부어 잡내를 제거한 후 큼직하게 다진다.
4. 기름을 살짝 두른 팬에 마늘과 양파를 넣고 볶는다.
5. 마늘 향이 올라오면 골뱅이를 넣고 볶아 준다.
6. 볼에 모든 재료를 넣고 섞어 완성한다.

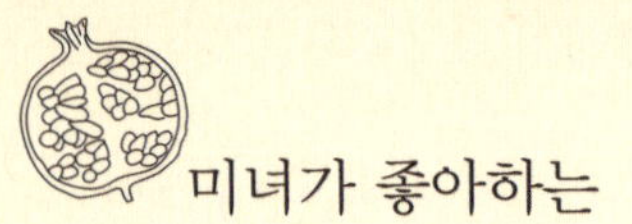

★☆☆ | 20MIN | | 100%

미녀가 좋아하는

석류 샐러드

INGREDIENT

견과류 ·················· 56g
바게트(또는 식빵) ······· 20g
샐러드용 채소 ········· 20g
어린잎 채소 ··········· 20g

DRESSING

석류 ··················· ½개
올리브유 ············ 1큰술
발사믹 식초 ········· 1큰술

1

2

3

4

HOW TO MAKE

1. 채소는 흐르는 물에 깨끗이 씻어 적당한 크기로 잘라 준비한다.
2. 바게트는 1cm 크기로 깍둑썰어 팬에서 노릇하게 굽는다.
3. 석류는 깨끗이 씻어 즙을 낸다.
4. 샐러드 그릇에 올리브유와 발사믹 식초를 뿌려 준다.
5. 채소와 견과류, 바게트를 담아 완성한다.

★☆☆ | 20MIN | 50%

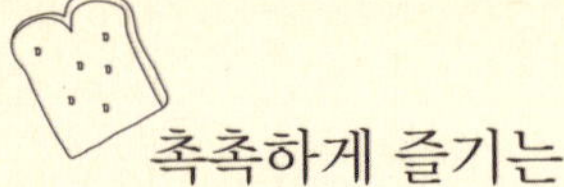

촉촉하게 즐기는

애플 넛츠 토스트

INGREDIENT

견과류 ·················· 28g
식빵 ··················· 2장
사과 ··················· ½개
크림치즈 ··············· 1큰술
버터 ················ ½작은술

2

3

4

1. 견과류는 큼직하게 다지고, 버터는 4~5조각으로 잘라 준비한다.
2. 사과는 깨끗이 씻어 씨를 제거하고 껍질째 얇게 썰어 준비한다.
3. 식빵에 크림치즈를 바른다.
4. 사과, 견과류, 버터를 얹고 180°C로 예열된 오븐에서 10분간 굽는다.

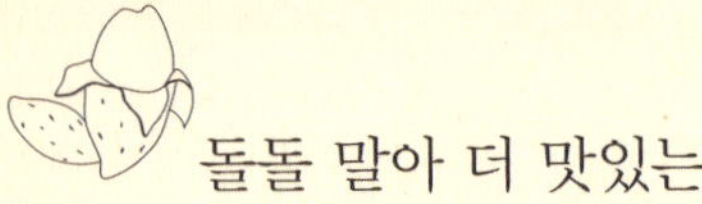

★★☆ | 50MIN | ☺☺☺ | 33.3%

돌돌 말아 더 맛있는

고구마 롤 샌드위치

INGREDIENT

호밀식빵 ·············· 3장
슬라이스 치즈 ········ 3장
딸기잼 ·············· 1큰술

FILLING

견과류 ················ 28g
고구마 ·············· 200g
건포도 ················ 50g
우유 ················ 2큰술
연유 ·············· 1작은술

2

3

4

5

6

HOW TO MAKE

1. 견과류는 큼직하게 다져 준비한다.
2. 고구마는 삶아 식기 전에 껍질을 벗기고 우유와 연유를 넣어 으깨면서 섞어 준다.
3. 견과류와 건포도를 넣고 섞어 고구마 속을 만든다.
4. 식빵은 밀대로 밀어 납작하게 펴 치즈를 얹고 고구마 속을 넣어 돌돌 말아 준다.
5. 랩으로 싸서 5분간 모양을 고정시킨다.
6. 랩을 제거하고 한 입 크기로 잘라 완성한다.

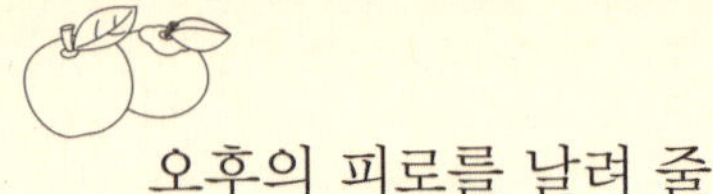

★★☆ | 1HOUR 20MIN | | 50%

오후의 피로를 날려 줄

과일 넛츠 크럼블

INGREDIENT

견과류 ·················· 28g
감 ······················ ½개
사과 ···················· ½개
버터 ···················· 30g
설탕 ···················· 30g
레몬즙 ············ 1작은술
계핏가루 ········ ¼작은술
슈가파우더 약간

CRUMBLE

박력분 ················ 30g
버터 ·················· 30g
설탕 ·················· 30g

HOW TO MAKE

1. 견과류는 잘게 다져 준비한다.
2. 사과와 감은 깨끗이 씻어 껍질을 벗기고 깍둑썰어 준비한다.
3. 볼에 크럼블 재료를 넣고 손으로 살살 비벼가며 크럼블을 만든다.
4. 크럼블과 다진 견과류를 섞어 냉장고에서 30분간 휴지시킨다.
5. 냄비에 버터와 설탕을 넣고 녹인다.
6. 사과, 감, 계핏가루를 넣고 수분이 없어질 때까지 졸인 후 불을 끄고 레몬즙을 섞는다.
7. 오븐용 용기에 담고 크럼블을 올린 후 180°C로 예열된 오븐에서 20분간 굽는다.
8. 슈가파우더를 뿌려 마무리한다.

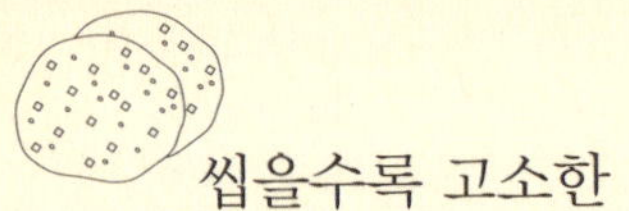

★☆☆ | 40MIN | | 50%

씹을수록 고소한

누룽지 넛츠 스낵

INGREDIENT

견과류 ················ 28g
밥 ··················· 210g
후리가케 ················ 6g
참기름 ·········· ½작은술

2

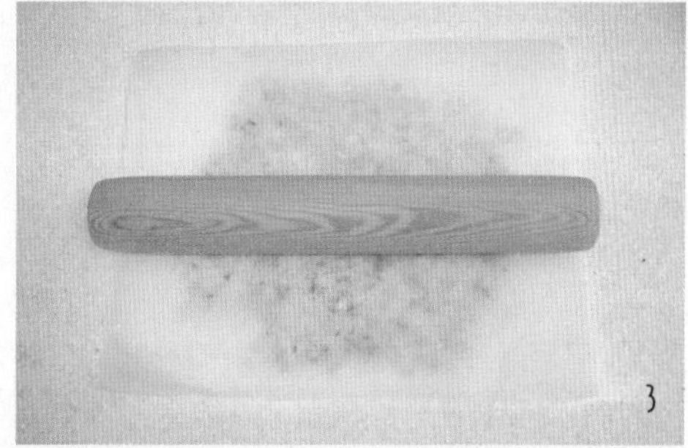
3

4

HOW TO MAKE

1. 견과류는 잘게 다져 준비한다.
2. 밥, 후리가케, 참기름을 골고루 섞어 준다.
3. 유산지에 ❷를 올리고 그 위에 다시 유산지를 깔아 밀대로 밀어 납작하게 만든다.
4. 덮은 유산지를 제거하고 오븐 팬에 올려 210°C로 예열된 오븐에서 15분간 굽다가 유산지를 덮고 다시 10분간 굽는다.

TIP 중간에 유산지를 다시 덮는 것은 견과류가 타는 것을 방지하기 위함이에요.

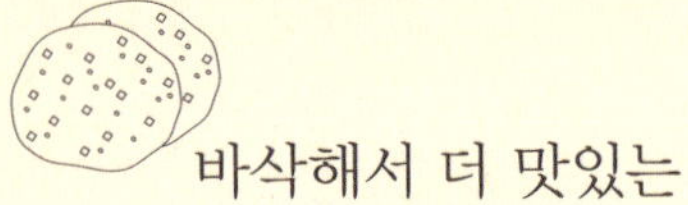

★★☆ | 40MIN | 100%

바삭해서 더 맛있는

캐러멜 누룽지 튀김

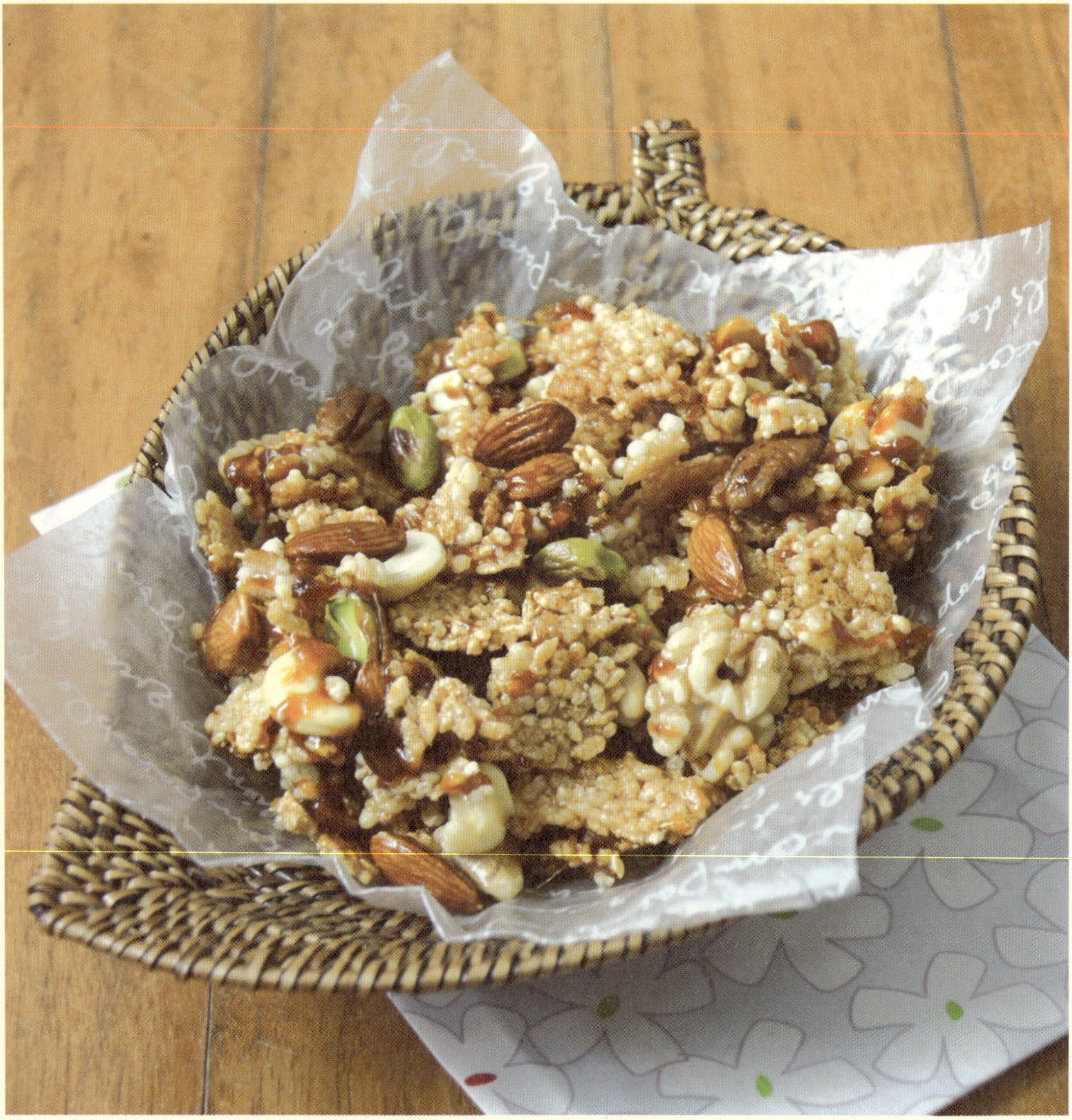

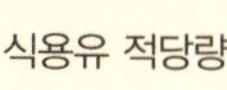

INGREDIENT

견과류 ········ 56g
누룽지 ········ 100g
설탕 ········ 3큰술
올리브유 ········ 2큰술
식용유 적당량

HOW TO MAKE

1. 누룽지는 한 입 크기로 잘라 170°C로 예열한 기름에 바삭하게 튀겨 준비한다.
2. 팬에 올리브유와 설탕을 넣고 중간 불에서 젓지 않고 그대로 두다가 끓기 시작하면 불을 끄고 저으면서 녹여 준다.
3. 누룽지를 넣고 골고루 섞어 마무리한다.

★★☆ | 35MIN | | 100%

고소하게 즐기는 핑거푸드

넛츠 카나페

INGREDIENT

견과류 ················ 84g
바게트 ················ ½개
물 ················ 6큰술
크림치즈 ··········· 3큰술
설탕 ················ 2큰술
플레인 요구르트 ···· 2큰술
꿀 ················ ½큰술

HOW TO MAKE

1. 바게트는 적당한 크기로 잘라 180°C로 예열된 오븐에서 5분간 굽는다.
2. 크림치즈, 플레인 요구르트, 꿀을 섞어 준비한다.
3. 팬에 물과 설탕을 넣고 약한 불에서 젓지 않고 그대로 녹인다.
4. 설탕이 갈색으로 변하면 견과류를 넣고 설탕이 완전히 녹을 때까지 섞어 준다.
5. 견과류를 하나씩 떼 유산지를 깐 오븐 팬에 올린 후 200°C로 예열된 오븐에서 10분간 굽는다.
6. 바게트 위에 ❷를 바르고 견과류를 올려 마무리한다.

★☆☆ | 20MIN | | 50%

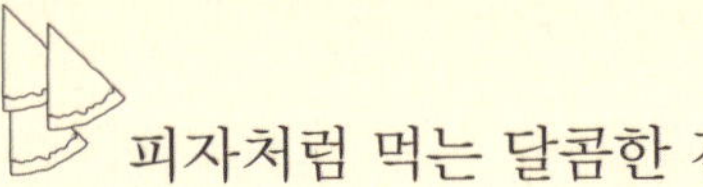

피자처럼 먹는 달콤한 간식

토르티아 칩

INGREDIENT

견과류 ················· 56g
토르티아(8인치) ········ 2장
꿀 ···················· 2큰술
올리브유 ·········· 1작은술

2

3

4

HOW TO MAKE

1. 견과류는 잘게 다지고, 토르티아는 8등분으로 잘라 준비한다.
2. 오븐 팬에 토르티아를 올리고 올리브유를 얇게 발라 180°C로 예열된 오븐에서 10분간 굽는다.
3. 토르티아가 식기 전에 꿀을 얇게 바른다.
4. 다진 견과류를 뿌려 완성한다.

간단하지 않으면 그것은 더 이상 다이어트 식단이 아니다

새송이 & 돌나물 피자

두부 콩국수

카프레제 샐러드

딸기 & 두부 타르트

사과 & 넛츠 타르트

시리얼바

브레드 푸딩

초코 & 바나나 스무디

Part 8.

다이어터 Dieter 김혜련의

탐나는 레시피

헬찌K | blog.naver.com/chokichoco

고도 비만에서 하체 비만 탈출기까지, 본인이 직접 체험하고 개발한 각종 다이어트 레시피가 담긴 블로그를 운영하고 있다. 맛있는 저칼로리 요리 만들기와 맛집 찾아 다니기가 취미인 그녀는 자신의 블로그를 통해 좀 더 많은 사람들이 다이어트에 성공하기를 바라고 있다.

★★☆ | 20MIN | 100%

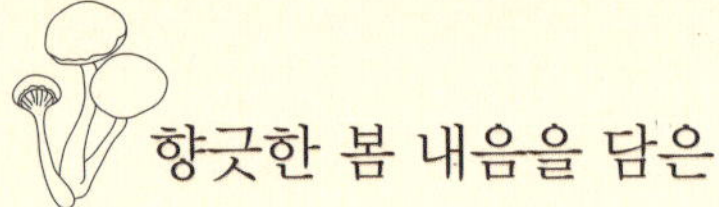

향긋한 봄 내음을 담은

새송이 & 돌나물 피자

INGREDIENT

견과류 ················ 56g
토르티아(10인치) ······· 1장
모차렐라 치즈 ······· 100g
돌나물 ················ 70g
새송이버섯 ············ 50g
꿀 ······················ 5g
파슬리가루 약간

HOW TO MAKE

1. 견과류는 믹서에 곱게 갈아 준비한다.
2. 버섯은 잘게 썰어 약간의 물을 넣고 팬에서 볶는다.
3. 뜨겁게 달궈진 팬에 토르티아를 바삭하게 굽는다.
4. 토르티아에 꿀을 얇게 바른다.
5. 돌나물과 견과류를 올려 준다.
6. 버섯, 모차렐라 치즈를 올리고 약 3분간 전자레인지에 돌린 후 파슬리가루를 뿌려 마무리한다.

TIP

- 토핑을 올린 후에도 토르티아의 형태가 유지될 수 있도록 최대한 바삭하게 구워 주세요.
- 취향에 따라 완성된 피자에 꿀이나 조청, 핫소스나 파르메산 치즈가루를 뿌려도 맛있어요.

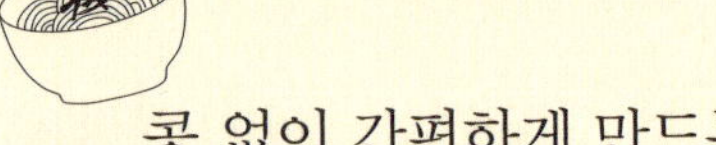

★☆☆ | 20MIN | 50%

콩 없이 간편하게 만드는

두부 콩국수

INGREDIENT

견과류 ·················· 28g
두부 ·················· 반 모
우유 ·················· 250ml
소면 ·················· 100g
볶은 검은깨 ······ 2작은술
소금 ·················· ½작은술

TOPPING

오이 ·················· 60g
방울토마토 적당량

1

2

3

4

HOW TO MAKE

1. 믹서에 견과류, 두부, 검은깨, 소금, 우유를 넣고 곱게 갈아 콩국물을 만든다.
2. 소면은 약 3분간 삶아 찬물에 헹군다.
3. 그릇에 소면과 콩국물을 담는다.
4. 오이는 채 썰고, 토마토는 적당한 크기로 잘라 장식해 마무리한다.

★☆☆ | 20MIN | | 100%

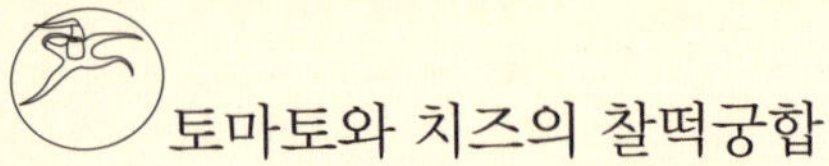

토마토와 치즈의 찰떡궁합

카프레제 샐러드

INGREDIENT

견과류 ·················· 28g
벨큐브 치즈 ············ 9개
토마토 ················ 130g
양배추 ················ 20g

DRESSING

양파 ·················· 10g
올리브유 ············ 1큰술
발사믹 식초 ········· 1큰술

1

2

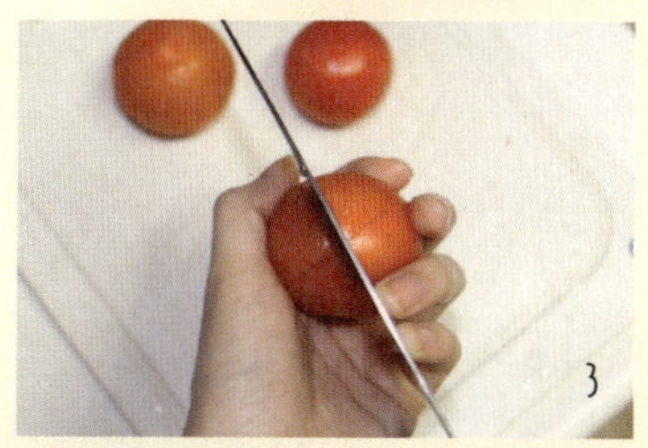
3

4

HOW TO MAKE

1. 양파는 깨끗이 씻고 채 썰어 찬물에 10분 이상 담가 매운맛을 제거한다.
2. 양파를 잘게 다진 후 발사믹 식초와 올리브유를 섞어 드레싱을 만든다.
3. 토마토는 십자 모양으로 칼집을 내 끓는 물에 살짝 데쳐 껍질을 벗긴 후 먹기 좋은 크기로 자른다.
4. 볼에 양배추, 견과류, 토마토, 벨큐브 치즈를 담고 드레싱을 섞어 마무리 한다.

TIP 벨큐브 치즈 대신 모차렐라 치즈를 사용하면 카프레제 고유의 맛을 느낄 수 있어요.

★★☆ | 40MIN | | 100%

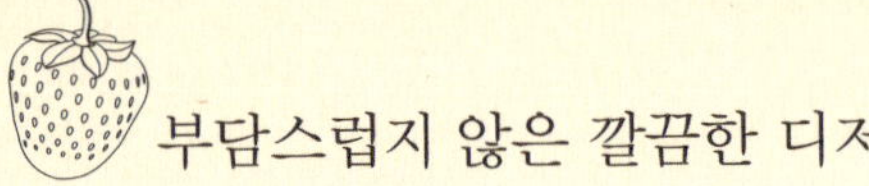

부담스럽지 않은 깔끔한 디저트

딸기 & 두부 타르트

INGREDIENT

토르티야(10인치) ······· 1장
딸기 ··················· 400g

SOURCE

견과류 ················ 56g
두부 ·················· 160g
올리고당 ············· 60g
설탕 ·················· 30g
코코아가루 ··········· 30g

SYRUP

물 ···················· 30ml
설탕 ·················· 10g

HOW TO MAKE

1. 두부는 끓는 물에 살짝 데친 후 찬물에 식힌다.
2. 장식용 피스타치오를 제외한 나머지 견과류를 믹서에 곱게 갈아 준다.
3. 두부, 코코아가루, 올리고당, 설탕을 넣고 다시 갈아 준다.
4. 원형틀에 토르티아를 깔고 ❸을 채운다.
5. 190°C로 예열된 오븐에서 20분간 굽고, 내용물이 식으면 딸기로 장식한다.
6. 설탕과 물을 끓여 시럽을 만들고 딸기 위에 얇게 발라 준다.
7. 피스타치오를 뿌려 마무리한다.

TIP
- 두부를 데쳐 사용하면 비린내도 제거되고 위생상으로도 좋아요.
- 설탕이 함유된 코코아가루를 사용할 때는 설탕을 생략해도 좋아요.

★★☆ | 50MIN | | 100%

달콤, 쌉쌀 디저트

사과 & 넛츠 타르트

INGREDIENT

견과류 ················ 56g
토르티아(10인치) ········ 1장
사과 ····················· 3개
설탕 ···················· 45g
올리고당 ················ 30g
올리브유 ············· 1큰술
계핏가루 ············· 1큰술

2

3

4

5

6

HOW TO MAKE

1. 사과 2개는 깍둑썰고, 1개는 껍질째 얇게 슬라이스 한다.
2. 팬에 사과, 견과류, 설탕, 올리고당, 올리브유를 넣고 물기가 없어질 때까지 졸인다.
3. 불을 끄고 계핏가루를 넣어 뭉치지 않게 잘 섞어 준다.
4. 원형틀에 토르티아를 깔고 ❷를 채운다.
5. 슬라이스한 사과를 올리고 올리브유를 얇게 바른다.
6. 여분의 견과류를 뿌려 장식한다.
7. 200°C로 예열된 오븐에서 25분간 굽는다.

TIP 타르트는 냉장고에 두고 차갑게 한 후 먹으면 더 맛있어요.

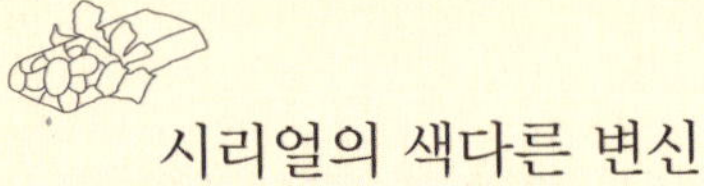

★☆☆ | 15MIN | 100%

시리얼의 색다른 변신

시리얼바

INGREDIENT

견과류 ··············· 112g
시리얼 ··············· 200g
건자두 ··············· 170g
올리고당 ··············· 80g
올리브유 ··············· 15g

1

2

3

HOW TO MAKE

1. 냄비에 올리고당, 올리브유를 넣고 약한 불에서 끓을 때까지 저어 준다.
2. 불을 끄고 건자두, 견과류, 시리얼을 넣고 주걱으로 저어 가며 골고루 섞어 준다.
3. 두꺼운 비닐을 깐 용기에 담고 고르게 편다.
4. 완전히 식기 전에 원하는 크기로 자른 후 실온에서 굳혀 완성한다.

TIP
• 좀 더 달콤한 바를 만들고 싶다면 올리고당 20g을 추가하세요. 20g 이상을 추가하게 되면 바가 잘 굳지 않고 끈적일 수 있으니 참고하세요.

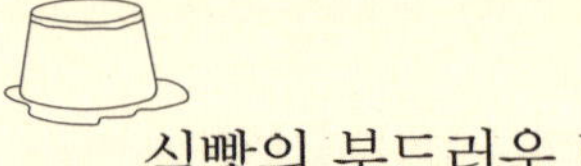

★☆☆ | 40MIN | | 50%

식빵의 부드러운 변신

브레드 푸딩

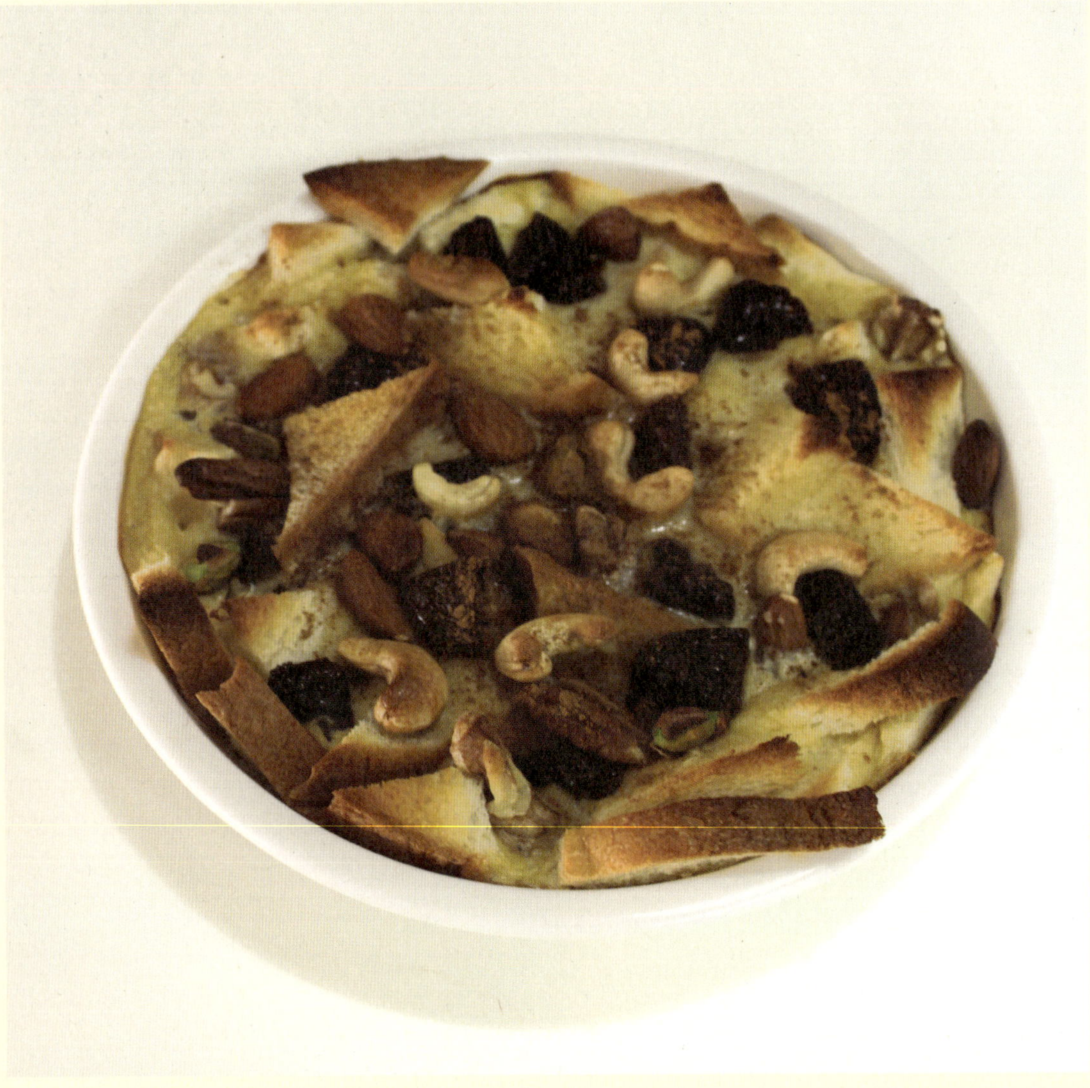

INGREDIENT

견과류 ················· 28g
식빵 ···················· 3장
건자두 ················· 30g
계핏가루 적당량

SOURCE

달걀 ···················· 1개
두유 ················ 190ml
올리고당 ············ 1큰술
소금 약간

HOW TO MAKE

1. 달걀, 올리고당, 두유, 소금을 거품기로 섞어 소스를 만든다.
2. 식빵은 적당한 크기로 자른다.
3. 오븐용 그릇에 식빵을 담고 소스를 뿌린다.
4. 견과류와 건자두로 장식한다.
5. 190°C로 예열된 오븐에서 20분간 구운 후 계핏가루를 뿌려 마무리한다.

TIP
- 집에 있는 남은 식빵을 활용하세요. 샌드위치를 만들고 남은 식빵 가장자리를 이용해도 좋답니다.
- 좀 더 달콤한 푸딩을 원할 경우 ❶의 과정에서 올리고당 1큰술 또는 설탕 30g을 추가하세요.

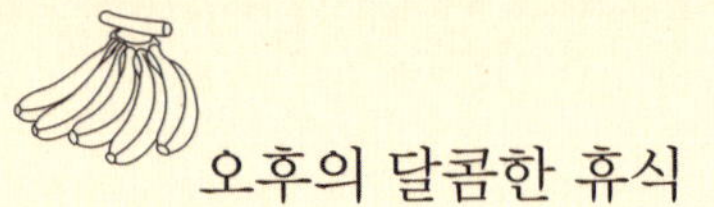

오후의 달콤한 휴식

★☆☆ | 5MIN | | 100%

초코 & 바나나 스무디

INGREDIENT

견과류 ··················· 56g
바나나 ··················· 200g
저지방 우유 ··············· 1컵
코코아가루 ··············· ½큰술
커피가루 ················· ½작은술

1

2

3

HOW TO MAKE

1. 바나나는 미리 얼려 준비한다.
2. 믹서에 얼린 바나나, 견과류, 저지방 우유를 넣고 갈아 준다.
3. 코코아가루, 커피가루를 넣고 다시 한 번 갈아 완성한다.

TIP 덜 익은 바나나를 사용할 경우 올리고당이나 꿀을 넣어 단맛을 조절하세요.

전문가가 만드는

과학적이고 체계적인 요리

견계탕

주먹밥 구이

율무죽

표고 장조림

훈제 오리 샐러드

Part 9.

영양사 전윤주의

스마트 레시피

생콩 | blog.naver.com/umzzi124578

수백 명의 건강을 책임지는 13년 경력의 영양사. 한때 공예 강사로 활동한 경험을 살려 감각적인 비주얼과 웰빙 기능을 요리에 접목시켰다. 농림수산부에서 주최한 '축산물 요리 공모전'에서 장려상을, 월드 키친 코렐에서 주최한 '한식 상차림 공모전'에서 우수상을 수상한 경력이 있다.

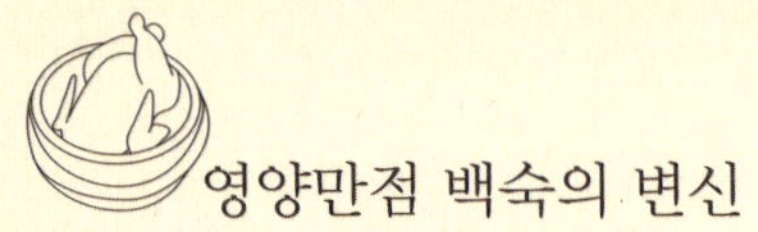

영양만점 백숙의 변신

★★☆ | 40MIN | | 64.5%

견계탕

INGREDIENT

견과류(캐슈넛, 아몬드) ··· 36g
닭 ··················· 1마리
대파 ·················· 1뿌리
마늘 ···················· 5톨
물 ················· 1500ml

3

4

6

HOW TO MAKE

1. 닭은 깨끗이 씻어 껍질을 제거한다.
2. 대파, 마늘은 깨끗이 씻어 적당한 크기로 자른다.
3. 아몬드는 미지근한 물에 불려 껍질을 제거한다.
4. 냄비에 닭, 마늘, 대파, 물을 넣고 끓여 닭 육수를 만든다.
5. 닭 육수를 조금 덜어내 믹서에 넣고 아몬드, 캐슈넛과 함께 곱게 간다.
6. 마늘, 대파를 건져내고 5를 넣고 소금으로 간을 한 후 3분간 다시 끓여 마무리한다.

★☆☆ | 20MIN | | 25%

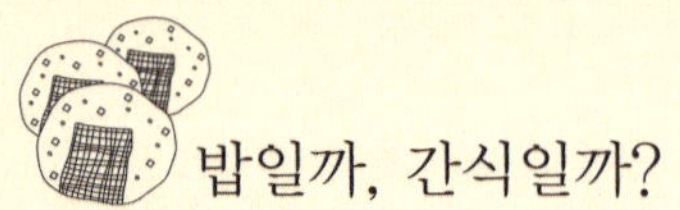

밥일까, 간식일까?

주먹밥 구이

2

3

4

5

INGREDIENT

견과류 ··················· 28g
멥쌀 ··················· 3컵
찹쌀 ··················· 1컵

SEASONING

간장 ··················· 1큰술
맛술 ··················· 1큰술
참기름 ··················· ½큰술
물엿 ··················· ½큰술

HOW TO MAKE

1. 견과류는 잘게 다지고, 양념 재료는 골고루 섞어 준비한다.
2. 밥은 한 김 식혀 소금으로 간을 한다.
3. 밥을 한 입 크기로 뭉치거나 모양 틀에 담아 찍어 낸다.
4. 밥 중간에 약간의 홈을 파 다진 견과류를 넣고 떨어지지 않게 꾹 눌러 준다.
5. 기름을 두른 팬에 주먹밥을 넣고 양념장을 2~3차례 발라 주면서 앞뒤로 노릇하게 굽는다.

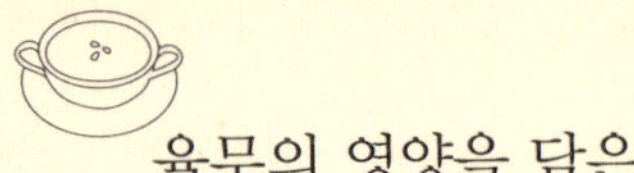

★☆☆ | 30MIN | | 100%

율무의 영양을 담은 한 그릇

율무죽

INGREDIENT

견과류(캐슈넛, 아몬드) ··· 56g
물 ················· 500ml
율무 ················ 100g
소금 약간

2

3

4

HOW TO MAKE

1. 율무는 찬물에 8시간 이상 불려 준비한다.
2. 아몬드는 물에 불려 껍질을 제거해 캐슈넛과 함께 믹서에 곱게 갈아 준다.
3. 냄비에 불린 율무와 물를 넣고 끓인다.
4. 율무가 거의 익을 때쯤 ❷를 넣고 끓이다가 소금으로 간을 해 마무리한다.

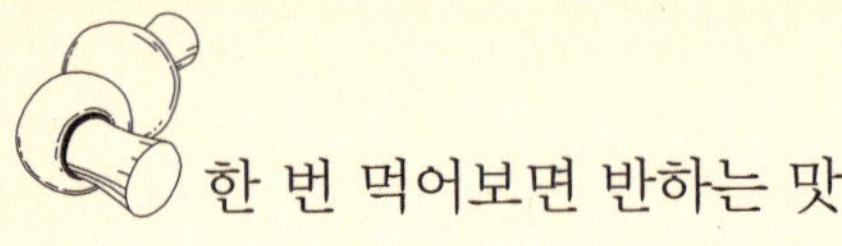

한 번 먹어보면 반하는 맛

★★☆ | 50MIN | | 50%

표고 장조림

INGREDIENT

견과류 ························ 28g
표고버섯 ······················ 8개
다진 쇠고기 ················ 100g

SEASONING 1

간장 ······················ 1작은술
다진 파 ················· 1작은술
소금 ······················ ½작은술
다진 마늘 ·············· ½작은술
달걀 노른자 ··········· ½작은술
설탕 ······················ ½작은술
참기름 ·················· ½작은술
깨소금 약간

SEASONING 2

간장 ······················ ½작은술
맛술 ······················ ½작은술
물엿 ······················ ½작은술

4

5

6

7

HOW TO MAKE

1. 장식용을 제외한 견과류는 믹서에 곱게 갈아 준비한다.
2. 호두는 미지근한 물에 불려 이쑤시개로 껍질을 제거한다.
3. 그릇에 다진 쇠고기, 견과류, 양념 재료 1을 모두 넣고 치대면서 골고루 섞어 준다.
4. 표고버섯은 깨끗이 씻어 줄기를 잘라 물기를 제거한 후 밀가루를 묻힌다.
5. 양념한 쇠고기를 채우고 견과류를 박아 장식한다.
6. 기름을 두른 팬에 표고버섯을 반 정도 익힌다.
7. 양념 재료 2를 넣고 쇠고기가 충분히 익을 때까지 조린다.

TIP
- 쇠고기와 다진 견과류를 함께 섞으면 견과류의 고소함은 물론 쇠고기의 잡냄새까지 제거할 수 있어요.
- 표고버섯의 물기를 충분히 제거하고 밀가루를 묻혀야 익힐 때 쇠고기가 분리되지 않으니 참고하세요.

★★☆ | 30MIN | 50%

향긋한 부추가 듬뿍 들어간

훈제 오리 샐러드

INGREDIENT

견과류 ················ 28g
마늘 ··················· 3톨
훈제 오리 ··········· 300g
호부추(중국부추) ······ 100g

DRESSING

견과류 ················· 10g
머스터드소스 ········ 3큰술

2

3

4

HOW TO MAKE

1. 마늘은 편으로 썰어 준비한다.
2. 견과류 10g을 믹서에 곱게 갈아 머스터드소스와 섞어 드레싱을 만든다.
3. 훈제 오리는 끓는 물에 살짝 데쳐 기름기를 제거하고 팬에 굽는다.
4. 호부추는 깨끗이 씻어 적당한 크기로 잘라 드레싱, 마늘, 여분의 견과류와 함께 버무려 완성한다.

간편하지만 든든하고,
건강하지만 맛있는

약고추장 쌈밥

닭가슴살 넛츠 볶음

뱅어포 조림

소프트 밤 잼

곶감 파이

Part 10.

요리 블로거 김혜정의

엄마표 건강식 레시피

햄볶는 여자 | jjunga0105.blog.me

사랑하는 두 아들과 알콩달콩 재미나게 하루하루를 살아가고 있는 엄마 경력 5년차 주부. 자라나는 두 아이를 위해 좀 더 건강하고 맛있는 요리를 개발하는 것이 취미이자 장기이다. 현재 요리와 육아 분야의 블로그를 활발하게 운영 중이다.

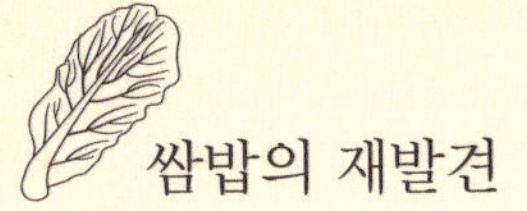

★★☆ | 50MIN | ☺☺ | 75%

쌈밥의 재발견

약고추장 쌈밥

INGREDIENT

견과류 ················ 42g
상추 ················ 10장
다진 쇠고기 ········· 150g
밥 ················ 210g
고추장 ·············· 150g
올리고당 ··········· 3큰술
배즙 ················ 3큰술

SEASONING

다진 마늘 ··········· 2큰술
간장 ················ 1큰술
참기름 ············ 1작은술
후춧가루 약간

HOW TO MAKE

1. 견과류는 잘게 다지고, 쇠고기는 키친타월로 꾹 눌러 핏기를 제거한 후 양념 재료를 넣고 골고루 섞어 준비한다.
2. 상추는 깨끗이 씻어 물기를 제거한 후 뻣뻣한 줄기를 잘라 준다.
3. 양념한 쇠고기를 강한 불에서 재빨리 익힌다.
4. 고추장을 넣고 골고루 볶아 준다.
5. 올리고당, 배즙, 견과류를 넣고 섞은 후 은근하게 조린다.
6. 밥을 한 입 크기로 뭉쳐 상추에 넣고 약고추장을 올려 마무리한다.

TIP 약고추장은 비빔밥이나 삼각김밥을 만들 때도 활용할 수 있어요.

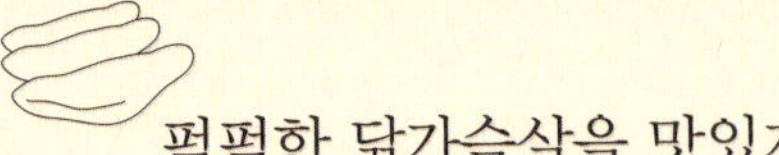

퍽퍽한 닭가슴살을 맛있게 먹는 방법

닭가슴살 넛츠 볶음

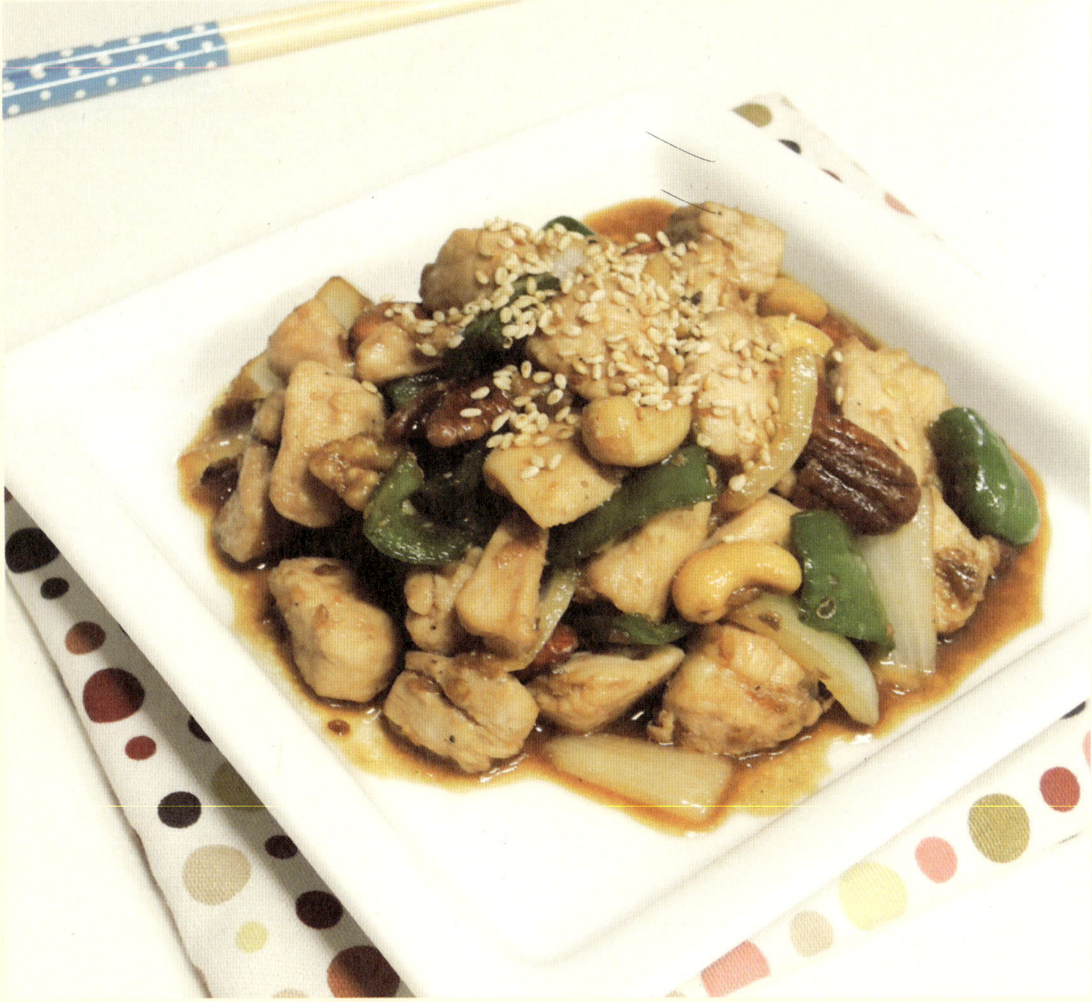

INGREDIENT

견과류 ·················· 42g
닭가슴살 ············ 300g
양파 ·················· 50g
피망 ·················· 30g
청양고추 ·············· 30g
포도씨유 적당량
깨 약간
소금 약간
후춧가루 약간

SEASONING

굴소스 ·············· 2큰술
간장 ················ 2큰술
다진 마늘 ············ 1큰술
설탕 ················ 1큰술
맛술 ················ 1큰술

HOW TO MAKE

1. 닭가슴살은 소금과 후춧가루를 뿌려 밑간한다.
2. 피망과 양파는 네모 모양으로, 청양고추는 어슷하게 썰어 준비한다.
3. 팬에 포도씨유를 두르고 마늘 향이 올라올 때까지 볶는다.
4. 닭가슴살을 넣고 익힌다.
5. 피망, 양파, 청양고추, 견과류를 넣고 살짝 볶는다.
6. 양념 재료를 모두 넣고 볶다가 불을 끄고 깨를 뿌려 마무리한다.

★★☆ | 30MIN | | 50%

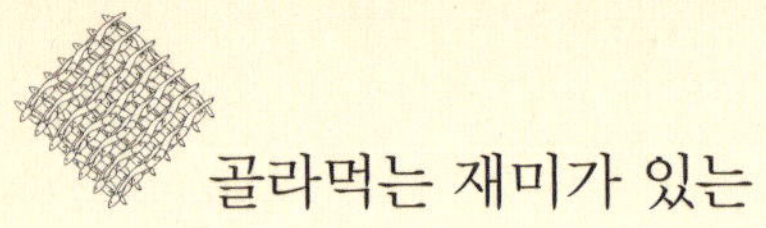

골라먹는 재미가 있는

뱅어포 조림

INGREDIENT

견과류 ················ 28g
뱅어포 ················ 2장
풋고추 ················ 1개
홍고추 ················ 1개
올리고당 ·············· 10g

SEASONING 1

간장 ················ 10g
맛술 ················ 10g
물 ················ 10g
다진 마늘 ·············· 6g

SEASONING 2

고추장 ················ 15g
맛술 ················ 10g
물 ················ 10g
다진 마늘 ·············· 6g
간장 ················ 5g

HOW TO MAKE

1. 뱅어포는 먹기 좋은 크기로 자르고, 풋고추와 홍고추는 어슷하게 썰어 준비한다.
2. 마른 팬에 뱅어포와 견과류를 살짝 볶는다.
3. 다른 팬에 양념 재료 1을 넣고 중간 불에서 끓인다.
4. 양념이 끓으면 약한 불로 줄이고 뱅어포와 견과류를 넣고 골고루 섞어 가며 조린다.
5. 불을 끄고 올리고당을 넣어 재빨리 섞어 준다.
6. 풋고추, 홍고추를 넣고 살짝 볶다가 통깨를 뿌려 마무리한다.

TIP
- 같은 과정으로 양념 재료 2를 넣어 만들면 고추장맛 뱅어포 조림이 완성된답니다.
- 뱅어포 대신 건멸치나 건새우를 사용할 수 있어요.

★★☆ | 1HOUR | 300G

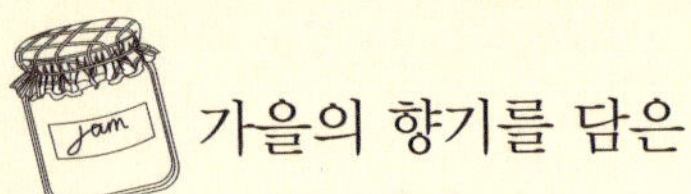

가을의 향기를 담은

소프트 밤 잼

2
3
4
5

INGREDIENT

견과류 ················ 28g
밤 ···················· 250g
설탕 ················· 200g
물 ····················· 60g

HOW TO MAKE

1. 견과류는 잘게 다져 준비한다.
2. 밤은 껍질을 벗기고 삶아 믹서에 곱게 간다.
3. 냄비에 물, 설탕을 넣고 끓인다.
4. 끓기 시작하면 밤을 넣고 저어 가며 끓인다.
5. 다진 견과류를 넣고 약한 불에서 살짝 끓여 마무리한다.

TIP 밤을 갈 때는 밤 삶은 물을 조금 넣고 갈면 부드럽게 갈 수 있어요.

★★☆ | 50MIN | | 33.3%

만두피로 만드는 간편 뚝딱 디저트

곶감 파이

2

3

4

INGREDIENT

견과류 ········ 28g
만두피 ········ 12장
곶감 ········ 4개
설탕 ········ 48g
건포도 ········ 20g
계핏가루 ········ 4g
버터 적당량

HOW TO MAKE

1. 견과류는 큼직하게 다지고, 곶감은 적당한 크기로 자른다.
2. 냄비에 설탕, 계핏가루, 곶감을 넣고 물기가 없게 졸인 후 견과류를 넣고 섞어 준다.
3. 만두피 한 쪽 면에 버터를 얇게 발라 준다.
4. 머핀틀에 만두피를 두 장씩 겹쳐 넣고 곶감, 건포도, 견과류를 담는다.
5. 180°C로 예열한 오븐에서 20분간 굽는다.

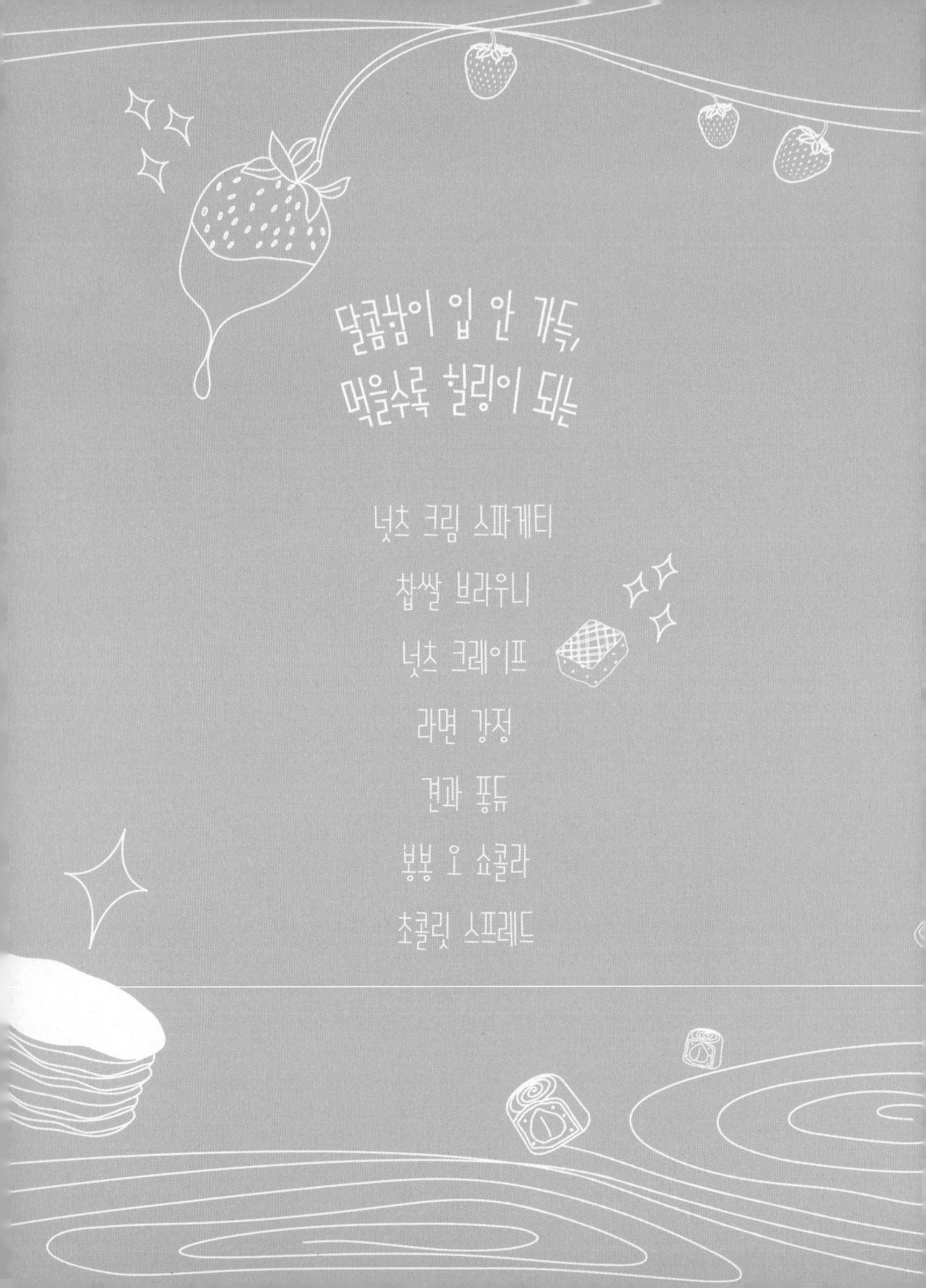

달콤함이 입 안 가득,
먹을수록 힐링이 되는

넛츠 크림 스파게티

찹쌀 브라우니

넛츠 크레이프

라면 강정

견과 퐁듀

봉봉 오 쇼콜라

초콜릿 스프레드

Part 11.

요리하는 여고생 표진아의

스위트 레시피

지나 | blog.naver.com/pja2096

요리가 좋아 열다섯 살 때부터 요리 블로그를 운영했다. 한식 · 양식 조리사 자격증과 제과제빵 기능사 자격증을 소지하고 있는, 도전을 두려워하지 않는 당찬 여고생이다. CJ푸드빌, 큐원 등 식품관련 기업에서 서포터즈로 활동한 경력이 있다.

★★☆ | 30MIN | ☺ | 100%

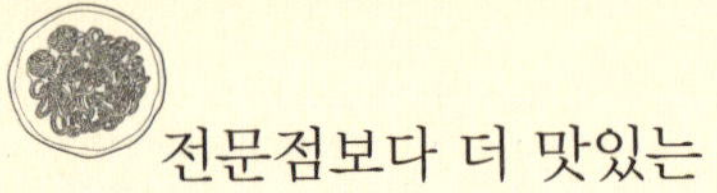

전문점보다 더 맛있는

넛츠 크림 스파게티

INGREDIENT

스파게티 면 ………… 70g
베이컨 ………………… 1줄
양파 …………………… 1/5개
소금 약간
후춧가루 약간

SOURCE

견과류 ………………… 28g
달걀 노른자 …… 1개 분량
생크림 ……………… 1/2컵
우유 ………………… 1/2컵

2

3

4

HOW TO MAKE

1. 견과류는 믹서에 곱게 간 후 소스 재료를 모두 넣고 다시 갈아 준다.
2. 스파게티 면은 끓는 물에 8~10분간 삶아 준다.
3. 양파와 베이컨은 먹기 좋은 크기로 썰어 기름을 살짝 두른 팬에서 볶아 준다.
4. ❶을 넣고 다시 볶다가 스파게티 면을 넣고 알맞게 졸인다.
5. 불을 끄고 소금, 후춧가루로 간을 해 마무리한다.

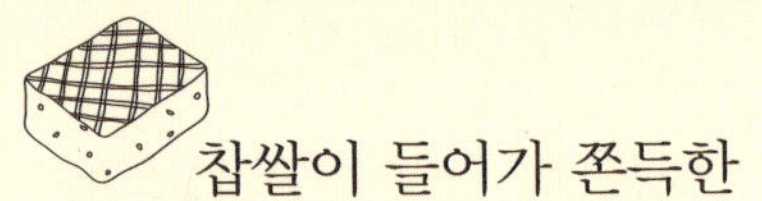

찹쌀이 들어가 쫀득한

찹쌀 브라우니

INGREDIENT

견과류 ··················· 28g
달걀 ····················· 1개
다크 초콜릿 ·········· 65g
찹쌀가루 ············· 50g
설탕 ····················· 40g
버터 ····················· 35g
소금 약간

HOW TO MAKE

1. 견과류는 잘게 다지고, 버터와 다크 초콜릿은 중탕으로 녹여 준비 한다.
2. 볼에 달걀을 풀고 설탕, 소금을 넣은 후 설탕 입자가 녹을 때까지 거품기로 저어 준다.
3. 버터와 다크 초콜릿을 넣고 저어 준다.
4. 찹쌀가루를 넣고 다시 저어 주다가 다진 견과류 ⅔를 넣고 골고루 섞어 준다.
5. 오븐 팬에 유산지를 깔아 반죽을 채우고 남은 견과류를 뿌린다.
6. 170°C로 예열된 오븐에서 10분간 굽는다.

★★★ | 1HOUR 30MIN | ☺☺☺☺☺ | 40%

한 장, 한 장 정성을 담은

넛츠 크레이프

INGREDIENT

견과류 ················· 56g
달걀 ····················· 3개
우유 ················· 260g
생크림 ················ 150g
박력분 ················ 100g
설탕 ····················· 30g
버터 ····················· 30g

HOW TO MAKE

1. 견과류는 믹서에 곱게 갈고, 버터는 중탕으로 녹여 준비해 둔다.
2. 볼에 달걀을 풀고 우유, 설탕을 넣고 설탕 입자가 녹을 때까지 거품기로 저어 준다.
3. 박력분, 버터, 견과류 순으로 넣으면서 섞어 준다.
4. 달궈진 팬에 기름을 살짝 두르고 반죽을 최대한 얇게 둘러 15장 구워 준다.
5. 크레이프 반죽이 완전히 식으면 중간중간 생크림을 바르면서 쌓아 준다.
6. 8등분으로 잘라 마무리한다.

★☆☆ | 20MIN | 50%

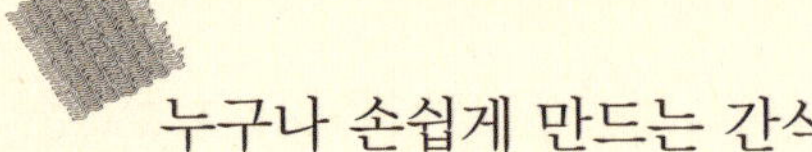

누구나 손쉽게 만드는 간식

라면 강정

INGREDIENT

견과류 ········ 28g
라면사리 ········ 1개
물엿 ········ 5큰술
설탕 ········ 1큰술
카놀라유 ········ 1큰술

HOW TO MAKE

1. 견과류는 잘게 다져 준비한다.
2. 라면은 잘게 부숴 노릇하게 볶아 준다.
3. 냄비에 물엿, 설탕, 카놀라유를 넣고 연한 갈색이 될 때까지 졸인다.
4. 라면, 견과류를 넣고 골고루 섞어 준다.
5. 사각 용기나 쟁반에 넣고 꾹 눌러가며 펴 준다.
6. 완전히 굳기 전에 적당한 크기로 잘라 식혀 마무리한다.

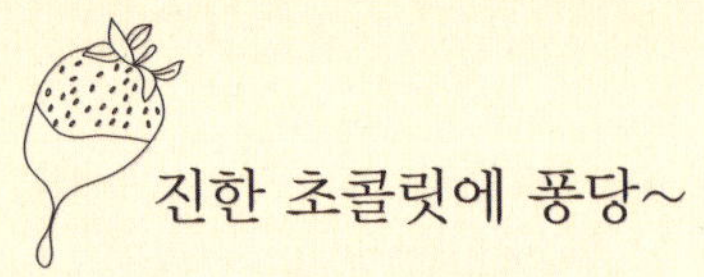

★☆☆ | 20MIN | | 100%

견과 퐁듀

INGREDIENT

견과류 ················· 56g

초콜릿 ··············· 150g

생크림 ················· 50g

각종 과일 적당량

2

3

4

HOW TO MAKE

1. 과일은 깨끗이 씻어 한 입 크기로 잘라 꼬치에 꽂아 준다.
2. 견과류는 믹서에 넣고 곱게 갈아 준다.
3. 초콜릿은 중탕해 완전히 녹으면 생크림을 넣고 충분히 섞어 준다.
4. 불을 끄고 견과류를 섞어 완성한다.

★★★ | 2HOUR | | 33.3%

입 안 가득히 느껴지는 진한 초콜릿의 감동

봉봉 오 쇼콜라

INGREDIENT

견과류 ················ 28g
초콜릿 ·············· 150g
설탕 ················· 20g
물 ··················· ½큰술
따뜻한 물 ········· 2작은술

HOW TO MAKE

1. 팬에 설탕과 물을 넣어 젓지 않고 그대로 끓이다가 연한 갈색이 되면 견과류를 넣고 버무려 준다.
2. 불을 끄고 견과류가 식으면 믹서에 따뜻한 물과 함께 곱게 갈아 준비한다.
3. 초콜릿은 중탕해 녹여 초콜릿틀에 채운 후 다시 쏟아 냉동실에서 굳혀 겉껍질을 만든다.
4. ❷를 넣어 속을 ⅓ 정도 채운다.
5. 초콜릿을 채우고 실온에서 굳혀 준다.

★☆☆ | 20MIN | 300G

빵에도, 과자에도, 찍어 먹기만 하면 맛있는

초콜릿 스프레드

INGREDIENT

견과류 ··············· 140g
다크 초콜릿 ·········· 100g
슈가파우더 ············ 50g
카놀라유 ·········· 2작은술
코코아가루 ········ 1작은술
소금 약간

HOW TO MAKE

1. 다크 초콜릿은 중탕으로 녹여 준비한다.
2. 믹서에 견과류, 카놀라유를 넣고 곱게 갈아 준다.
3. 다크 초콜릿, 슈가파우더, 코코아가루, 소금을 넣고 다시 갈아 준다.
4. 밀폐된 용기에 넣어 냉장 보관한다.

TIP 완성된 스프레드는 먹을 때마다 적당량을 덜어 전자레인지에 살짝 돌려 사용하세요.

가족을 생각하는 마음을 담은 사랑 한 그릇

햄버그 스테이크

연근 견과 조림

마늘종 볶음

찹쌀 케이크

시나몬 롤

오트밀 쿠키

견과 월병

건강 약식

삼색 쌀강정

넛츠 초콜릿

Part 12.

16년차 주부 이미란의

웰빙 레시피

포포리 | blog.naver.com/jazzroi

두 아이의 엄마이자 16년차 주부. 아이들을 위한 건강한 먹거리에 관심을 가지고 본격적으로 요리 블로그를 시작하게 되었다. 재료와의 궁합까지 생각해 만드는 맛있고 건강한 레시피로 아이들은 물론 남녀노소 모두의 입맛에 맞는 요리를 선사한다.

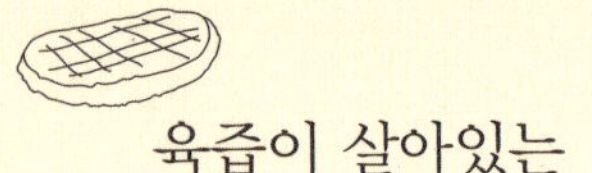

★★★ | 40MIN | | 75%

육즙이 살아있는

햄버그 스테이크

INGREDIENT

견과류 ················· 84g
카놀라유 적당량

STAKE

다진 돼지고기 ······· 300g
다진 쇠고기 ········· 300g
달걀 ···················· 1개
다진 파 ·············· 1큰술
다진 마늘 ··········· 1큰술
진간장 ·············· ½큰술
육두구가루 ······· ½작은술
파프리카 시즈닝 ·· ½작은술
소금 약간
후춧가루 약간

SOURCE

양파 ···················· 1개
양송이 버섯 ············ 8개
물 ···················· 150ml
설탕 ···················· 15g
스테이크 소스 ······· 5큰술
물에 녹인 녹말 ······ 1큰술

2

3

4

5

6

HOW TO MAKE

1. 견과류는 큼직하게 다지고, 양파는 채 썰고, 양송이버섯은 먹기 좋은 크기로 썬다.
2. 볼에 스테이크 재료를 넣고 치대면서 골고루 섞어 준다.
3. 다진 견과류를 넣고 다시 섞어 준다.
4. 적당한 크기로 모양을 만들고, 기름을 두른 팬에서 앞뒤로 골고루 익힌다.
5. 다른 팬에 스테이크용 소스, 물, 설탕을 넣고 끓이다가 양송이버섯을 넣고 조린다.
6. 녹말물을 넣어 소스를 걸쭉하게 만든다.
7. 햄버그 스테이크에 소스를 뿌려 마무리한다.

TIP 햄버그 스테이크의 속이 익었는지 확인하려면 스테이크 가운데 부분을 이쑤시개로 찔러 핏물이 나오는지 확인하세요. 핏물이 나오지 않아야 완전히 익은 것이랍니다.

★★☆ | 50MIN | | 80%

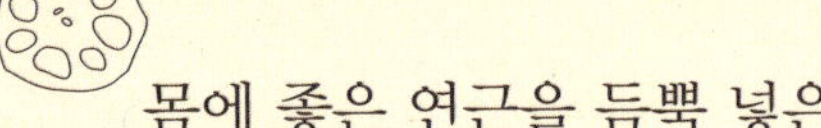

몸에 좋은 연근을 듬뿍 넣은

연근 견과 조림

INGREDIENT

견과류 ··············· 112g
연근 ················· 200g
식초 ··············· ½큰술
소금 ············· ½작은술
참기름 ··········· ½작은술
통깨 ············· ½작은술

SEASONING

멸치 육수 ············· 65g
진간장 ··············· 2큰술
물엿 ················· 1큰술
청주 ················· 1큰술
생강즙 ··········· ½작은술

1

3

4

5

HOW TO MAKE

1. 연근은 깨끗이 씻어 껍질을 벗긴 후 두 도막 내 끓는 물에 소금과 식초를 넣고 연근이 투명해질 때까지 데친다.
2. 데친 연근은 식힌 후 0.5cm 두께로 썬다.
3. 냄비에 양념 재료를 모두 넣고 팔팔 끓이다가 중간 불로 줄인 후 연근을 넣고 뚜껑을 덮어 25분간 끓인다.
4. 견과류를 넣고 섞어 준다.
5. 국물이 자작하게 졸면 참기름을 넣고 섞어 준다.
6. 불을 끄고 통깨를 뿌려 마무리한다.

★★☆ | 30MIN | | 100%

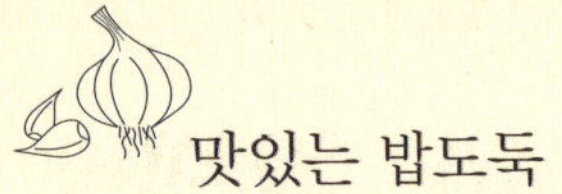

맛있는 밥도둑

마늘종 볶음

INGREDIENT

견과류 ··············· 112g
마늘종 ··············· 25g
건새우 ··············· 2큰술
진간장 ··············· 1큰술
올리고당 ············· 1큰술
카놀라유 ············· 1큰술
통깨 ················· 1큰술
소금 ··············· ½작은술
참기름 약간

HOW TO MAKE

1. 마늘종은 깨끗이 씻어 먹기 좋은 크기로 자른다.
2. 끓는 물에 소금을 넣고 마늘종을 데친 후 찬물에 헹궈 물기를 제거한다.
3. 팬에 카놀라유와 진간장, 마늘종을 넣고 간장이 밸 때까지 볶는다.
4. 건새우를 넣고 볶다가 견과류를 넣고 가볍게 섞어 준다.
5. 올리고당을 넣고 살짝 볶다가 불을 끄고 참기름, 통깨를 뿌려 마무리한다.

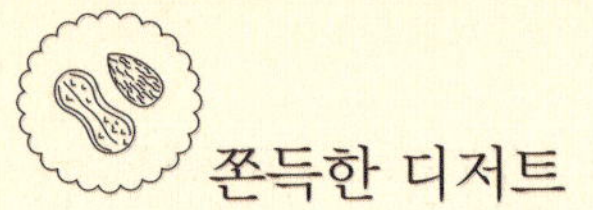

쫀득한 디저트

찹쌀 케이크

INGREDIENT

- 견과류 ··············· 140g
- 달걀 ···················· 3개
- 찹쌀가루 ············· 300g
- 설탕 ················· 100g
- 우유 ················· ½컵
- 버터 ··················· 60g
- 완두배기 ·············· 50g
- 레몬 필 ················ 20g
- 바닐라 에센스 ····· 1작은술
- 베이킹파우더 ····· ½작은술

HOW TO MAKE

1. 버터는 미리 실온에 두어 부드러운 상태로 만들어 준비한다.
2. 볼에 버터를 넣고 설탕을 3~4번 나누어 넣으면서 설탕 입자가 녹을 때까지 섞어 준다.
3. 달걀을 1개씩 넣으면서 섞어 준다.
4. 찹쌀가루, 베이킹파우더, 우유, 바닐라 에센스 순서로 섞어 준다.
5. 레몬 필, 장식용을 제외한 견과류, 완두배기를 넣고 다시 섞는다.
6. 틀에 반죽을 채우고 여분의 견과류, 완두배기로 장식한다.
7. 190°C로 예열된 오븐에서 50분간 굽는다.

★★★ | 3HOUR | 60%

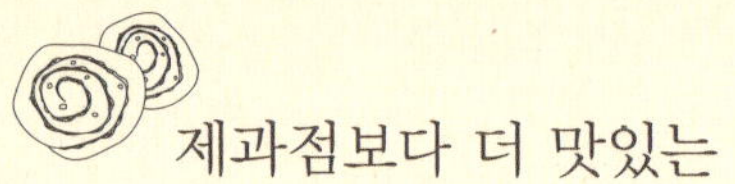

제과점보다 더 맛있는

시나몬 롤

INGREDIENT

견과류 ········ 84g
달걀 ········ 1개
강력분 ········ 500g
우유 ········ 250ml
흑설탕 ········ 100g
물 ········ 55ml
버터 ········ 50g
설탕 ········ 35g
소금 ········ 10g
이스트 ········ 5g
계핏가루 ········ 3g

SYRUP

슈가파우더 ········ 20g
럼주 ········ 5g

3

4

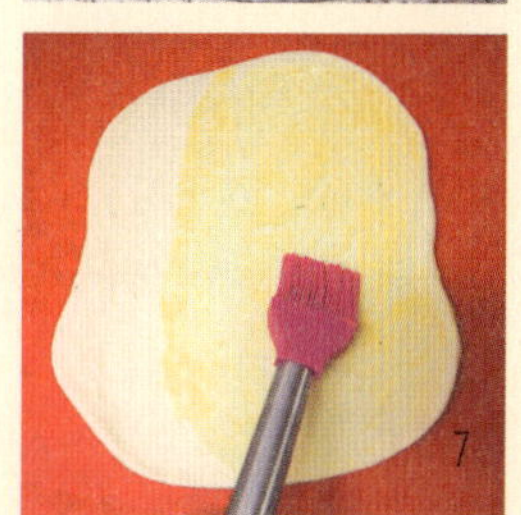
7

8

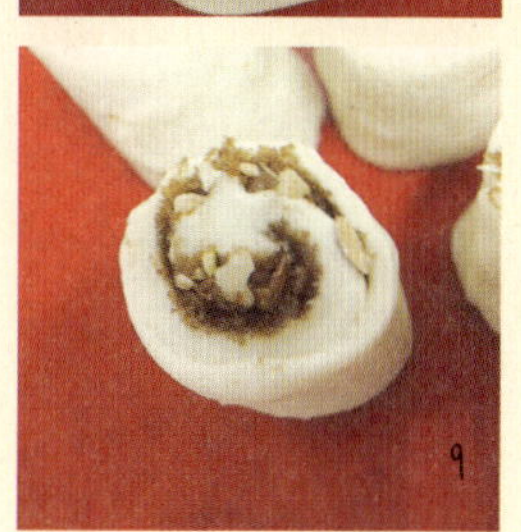
9

HOW TO MAKE

1. 견과류는 잘게 다져 흑설탕, 계핏가루와 섞어 준비한다.
2. 슈가파우더와 럼주를 섞어 시럽을 만든다.
3. 체 친 강력분, 이스트, 설탕, 소금을 섞고 우유, 달걀을 넣어 손에 반죽이 묻지 않을 때까지 반죽한다.
4. 버터 35g를 넣고 버터가 겉돌지 않도록 약 15분간 반죽한다.
5. 볼에 랩을 씌워 반죽이 2배로 부풀 때까지 따뜻한 온도(약 28~30°C)에서 1시간 동안 1차 발효시킨다.
6. 주먹으로 가볍게 반죽의 가스를 빼고 4~5 덩어리로 나눠 랩을 씌워 20분간 휴지시킨다.
7. 반죽을 밀대로 밀고 가장자리를 제외한 부분에 녹인 버터를 얇게 발라 준다.
8. ❶을 골고루 뿌려 준다.
9. 반죽을 돌돌 말아 끝 부분이 떨어지지 않게 손가락으로 눌러 준 후 3~4cm 두께로 자른다.
10. 반죽을 머핀컵에 담아 오븐 팬에 올리고 랩을 씌운 후 30°C 온도에서 30분간 2차 발효시킨다.
11. 180°C로 예열된 오븐에서 15분간 굽고 시럽을 발라 마무리한다.

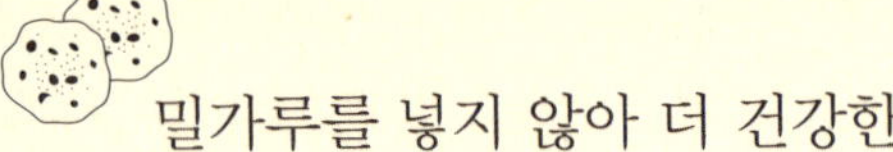

밀가루를 넣지 않아 더 건강한

오트밀 쿠키

INGREDIENT

견과류 ··············· 112g
달걀 ··················· 1개
오트밀 ··············· 250g
버터 ················· 180g
설탕 ················· 130g
박력분 ··············· 110g
우유 ··················· 55g
건포도 ················· 35g
크랜베리 ··············· 35g
바닐라 에센스 ·········· 3g
계핏가루 ··············· 2g
베이킹파우더 ··········· 1g

HOW TO MAKE

1. 버터는 미리 실온에 두어 부드럽게 하고, 견과류는 잘게 다져 준비한다.
2. 달걀은 풀어 놓고, 건포도와 크랜베리는 6시간 이상 럼주에 불려 준비한다.
3. 볼에 달걀과 우유, 바닐라 에센스를 넣고 분리되지 않을 때까지 섞어 준다.
4. 박력분, 계핏가루, 베이킹파우더를 체 쳐 넣고 자르듯 섞어 준다.
5. 오트밀, 견과류를 넣고 자르듯 섞어 준다.
6. 크랜베리와 건포도를 넣고 가볍게 섞어 준다.
7. 볼에 랩을 씌우고 냉장고에서 30분간 휴지시킨다.
8. 오븐 팬에 유산지를 깔고 적당한 양의 반죽을 떠서 모양을 만든다.
9. 180°C로 예열된 오븐에서 15분간 굽는다.

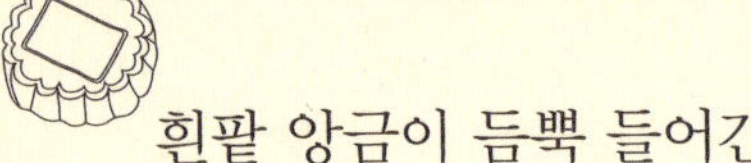

흰팥 앙금이 듬뿍 들어간

견과 월병

INGREDIENT

달걀 ······ 1개
박력분 ······ 150g
설탕 ······ 50g
버터 ······ 25g
아몬드가루 ······ 20g
꿀 ······ 15g
소금 약간

FILLING

견과류 ······ 140g
흰팥 앙금 ······ 200g

EGG

달걀 노른자 ······ 1개
우유(또는 물) ······ 1큰술

3

4

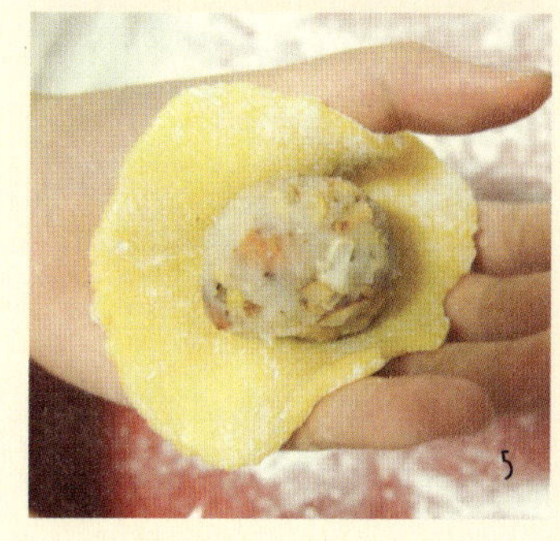
5

6

HOW TO MAKE

1. 버터는 전자레인지에 10초씩 3~4번 돌려 녹여준다.
2. 볼에 달걀, 설탕, 꿀, 소금을 넣고 설탕 입자가 녹을 때까지 섞어 준다.
3. 버터를 넣고 박력분, 아몬드가루를 체 쳐 넣고 자르듯 섞은 후 냉동실에서 1시간 동안 휴지시킨다.
4. 견과류는 큼직하게 다져 흰팥 앙금과 섞는다.
5. 반죽은 20g씩 나눠 밀대로 밀고 앙금을 넣어 둥글게 빚어 준다.
6. 월병 겉면에 밀가루를 바르고 손으로 가볍게 눌러 주거나 모양틀로 찍어 준다.
7. 월병을 오븐 팬에 올리고 달걀 노른자와 우유를 섞어 겉면에 얇게 발라 준다.
8. 180°C로 예열된 오븐에서 15분간 굽는다.

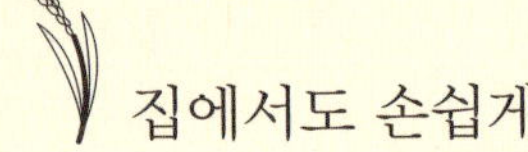

집에서도 손쉽게

건강 약식

INGREDIENT

견과류 ················· 56g
밤 ······················ 4개
찹쌀 ··················· 500g
물 ····················· 150ml
대추 적당량

SEASONING

물 ····················· 100ml
흑설탕 ················· 4큰술
진간장 ················· 2.5큰술
참기름 ················· 1큰술
계핏가루 ··············· ¼큰술
천일염 약간

2

4

5

6

HOW TO MAKE

1. 찹쌀은 물에 담가 3시간 정도 불린 후 물기를 빼 준비한다.
2. 양념 재료를 골고루 섞어 양념장을 만든다.
3. 밤은 껍질을 벗겨 적당한 크기로 자르고, 대추는 꽃 모양으로 썰어 준다.
4. 밥솥에 모든 재료를 넣고 골고루 섞어 약 25~30분간 밥을 짓는다.
5. 밥이 다 되면 주걱으로 골고루 섞고 한 김 식혀 모양틀에 담아 찍어 낸다.
6. 여분의 견과류나 대추로 장식해 마무리한다.

TIP ③ 과정의 대추 꽃모양 내는 법은 15p를 참고하세요.

★★☆ | 30MIN | 100%

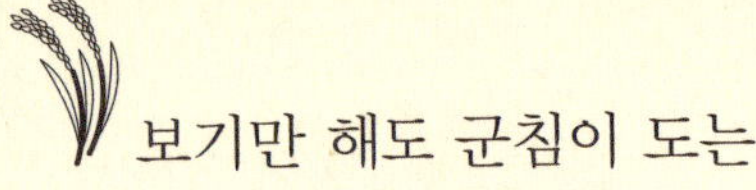

보기만 해도 군침이 도는

삼색 쌀강정

INGREDIENT

견과류 ··············· 112g
쌀튀밥 ················ 90g
물엿 ·················· 90g
설탕 ·················· 90g
물 ···················· 15g
딸기가루 ·············· 10g
단호박가루 ············ 10g

HOW TO MAKE

1. 딸기가루는 물에 개어 준비해 둔다.
2. 팬에 물, 설탕, 물엿을 넣고 중간 불에서 끓인다.
3. 끓기 시작하면 약한 불로 줄이고 젓지 않고 그대로 녹인다.
4. 설탕이 모두 녹을 때쯤 딸기가루를 넣고 점성이 생길 때까지 끓인다.
5. 불을 끄고 쌀튀밥, 견과류를 넣은 후 약한 불에서 골고루 섞어 준다.
6. 사각 용기에 두꺼운 비닐이나 랩을 깔아 튀밥을 넣고 꾹 눌러 모양을 만든다.
7. 튀밥이 미지근해지면 틀과 분리해 완전히 식기 전에 적당한 크기로 자른 후 식혀 완성한다.

TIP
- 같은 과정으로 단호박가루를 넣고 조리하면 단호박강정, 가루를 넣지 않고 조리하면 쌀강정을 만들 수 있어요.
- 강정이 완전히 굳은 후 자르면 부서질 수 있으니 미지근할 때 자른 후 굳혀 주세요.

★★☆ | 1HOUR | 80%

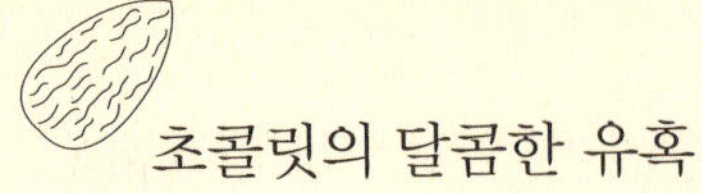

초콜릿의 달콤한 유혹

넛츠 초콜릿

INGREDIENT

견과류 ··············· 112g
다크 초콜릿 ········· 150g
황설탕 ················· 25g
코코아가루 ············ 10g
물 ······················· 8ml
버터 ····················· 6g

2

3

4-1

4-2

HOW TO MAKE

1. 팬에 설탕과 물을 넣고 젓지 않고 그대로 끓인다.
2. 견과류를 넣고 섞다가 설탕이 갈색으로 변하면 버터를 넣어 골고루 섞어 준다.
3. 버터가 녹으면 1분간 더 끓이다가 유산지를 깐 쟁반에 견과류를 하나씩 떼 굳혀 준다.
4. 초콜릿은 중탕으로 녹인 후 견과류를 넣고 단단하게 굳을 때까지 여러 차례 섞어 준다.
5. 코코아가루를 입혀 완성한다.

먹는 것만큼 간단하고 쉬운 것이 없었습니다. 배불리 먹을 수만 있으면 만족했던 시절이 있었습니다. 하지만, 식품과 과학이 만나기 시작하면서 식품에 대한 정보들은 무분별하게 쏟아져 나왔고, 소비자들은 더욱 더 혼란스러워졌습니다.

Be My Doctor

www.DoctorNuts.com

소비자들이 건강한 식품을 똑바로 알고, 가치 있게 먹을 수 있도록 하는,
이른바 '스마트 웰빙 Smart well-being'을 실천하기 위해

현대인의 라이프 스타일에 맞춘 식품 브랜드
(주)인테이크푸즈에서 **'닥터넛츠 Dr. Nuts** Be My Doctor**'**라는
브랜드를 만들었습니다.

최근 미국 시사 주간지 〈타임 TIME〉이 선정한 '10대 슈퍼푸드'인 아몬드의 영양학적 효능에 대한 국내외 연구결과들이 발표되고, 견과류에 대한 관심이 높아지면서 소비 또한 급격히 늘었습니다. 하지만 잘못된 방식으로 가공, 보관, 판매되는 견과류와 그것을 제대로 분별하지 못하는 소비자들에게 '가치 있는 식품을 가치 있게 먹을 수 있도록' 하고 싶었습니다. '닥터넛츠 Dr.Nuts'는 견과류 1일 적정섭취량(1온스, 약 28g)의 개념을 국내에 도입하고 '1온스 견과 캠페인'과 입증된 연구결과들을 바탕으로 작성된 '견과저널'을 보급해 오고 있습니다. 닥터넛츠는 단순한 상업적 판매에서 벗어나 올바른 견과류 섭취 문화를 형성하기 위해 노력하는 (주)인테이크푸즈가 만든 건강한 브랜드입니다.

한 손, 한 끼:
홈메이드 영양바 레시피 42

김경오 지음 | 값 12,000원

견과류와 곡물, 과일을 주재료로 이용해 만드는 300kcal 이하의 건강하고 맛있는 홈메이드 영양바 레시피! 여러 번 반죽하고, 거품 내고, 섞는 복잡한 과정을 생략해 남녀노소 누구나 쉽고 빠르게 만들어 간편하게 휴대할 수 있는 42가지 홈메이드 영양바 레시피를 담았다. 9가지 기본 과정으로, 취향에 따라 반죽에 토핑을 달리해 손쉽게 나만의 레시피로 응용할 수 있다.

세상의 모든 넛츠 레시피
견과류를 맛있게 먹는 104가지 방법

초판 1쇄 발행 2013년 7월 5일
초판 2쇄 발행 2013년 7월 22일

지은이 닥터넛츠 Dr. Nuts
펴낸이 이준경
총편집인 홍윤표
기획/책임편집 박윤선
디자인 송소영
마케팅 오정옥
펴낸곳 ㈜영진미디어
출판등록 2011년 1월 7일 제 141-81-22416호

주소 경기도 파주시 문발동 파주출판도시 504-3 ㈜영진미디어
전화 031-955-4955
팩시밀리 031-955-4959
홈페이지 www.yjbooks.com
이메일 book@yjmedia.net
종이 ㈜월드페이퍼
인쇄 ㈜현문자현

ISBN 978-89-98656-09-6 13590
값 15,000원